# Wer hat Angst vorm Wolf?

## Wie gefährlich sind Wölfe wirklich?

Ausgabe 2 | 2012

Herausgegeben von Elli H. Radinger

edition tieger
*im*
Autorenhaus Verlag

Keine Angst vorm wilden Wolf! (© Gunther Kopp)

# Editorial

Liebe Leser und Wolfsfreunde!

Deutschland ist wieder Wolfsland. Die Wölfe sind zurückgekehrt und werden in vielen Bundesländern wieder heimisch. Es ist verständlich, dass nicht jeder darüber begeistert ist. Die Rückkehr der grauen Beutegreifer löst auch Angst aus: Weidetierhalter fürchten um ihre Tiere und um ihre Existenz, Jäger um ihr Wild, Mütter um ihre Kinder, die alleine im Wald spielen, und letztendlich Politiker um ihre Wähler, wenn sie eine falsche Entscheidung pro oder kontra Wolf treffen. Fakt ist, der Wolf ist da, und er ist vom Gesetz her streng geschützt, wie sehr sich manche Gruppen auch eine andere Lösung wünschen.

Unsere Aufgabe als Wolfsschützer sehe ich darin, den Wolf nicht auf ein ideologisches Podest zu stellen als Gottähnliches Wesen, das niemandem etwas Böses tut. Vielmehr liegt unsere Verantwortung darin, über den Wolf aufzuklären, und zwar so realistisch wie möglich. Dazu gehört auch, ehrlich zu sein über die Fakten, die wir gerne verschweigen möchten: Ja, Wölfe greifen Nutztiere an, und ja, wilde Wölfe können unter bestimmten Umständen auch einen Menschen angreifen. Tatsache ist aber auch, dass sie das unglaublich selten tun, und dass die Ursache beziehungsweise der Auslöser für einen Wolfsangriff überwiegend der Mensch ist. Wir versuchen in dieser Ausgabe des Wolf Magazins darüber aufzuklären, wie gefährlich der Wolf wirklich ist, und Ihnen gleichzeitig zu versichern, dass es sich sehr gut und sicher in »Wolfs Revier« leben lässt.

Unsere Autorin Andrea Weil hat sich bei den Bürgern von Brandenburg umgehört und erfahren, wie sie gelernt haben, ihre Heimat mit dem »Neubürger Wolf« zu teilen. Dass der Wolf durchaus ein ökonomischer Gewinn sein kann und nicht nur ein Schädling, darüber berichtet Dr. Frank Wörner.

Zwei konträre Mythen sind immer wieder über Wölfe zu hören: Menschenfressende Wölfe wie die Bestie von Gévaudan und »Wolfskinder«, die von Wölfen aufgezogen wurden. In dieser Ausgabe des Wolf Magazins gehen wir beiden Mythen nach.

Und in unserer Fuchs-Serie stellen wir Ihnen diesmal »Stadtfüchse« vor. Auch sie leben in der Nähe von uns Menschen.

Eine Nahbegegnung der besonderen Art mit Wölfen hatte die Wildbiologin und Autorin Gudrun Pflüger, die uns ihr neues Buch »Wolfspirit« vorstellt.

Als jemand, der sich seit 20 Jahren in der Nähe wilder Wölfe aufhält und selbst zahlreiche Nahbegegnungen gehabt hat, kann ich Ihnen versichern, dass Wölfe keine Gefahr sind. Seien wir dankbar für jeden Wolf, der unser Land mit seiner Anwesenheit ehrt und geben wir ihm den Platz den Respekt, der ihm gebührt.

Für Wölfe

Elli H. Radinger
Chefredaktion Wolf Magazin

*Aktueller Stand (Juli 2012):*
***Wölfe in Deutschland***
Insgesamt 16 Wolfsrudel,
1 Wolfspaar und
6 territoriale Einzelwölfe.
Sachsen: 7 Wolfsrudel
Sachsen/Brandenburg:
1 Wolfsrudel
Brandenburg:
6 Wolfsrudel und 1 Wolfspaar
Sachsen-Anhalt:
1 Wolfsrudel und 1 territorialer Wolf
Mecklenburg-Vorpommern: 4 Einzeltiere
Niedersachsen:
1 Wolfsrudel und 1 territorialer Wolf
(Quelle: Wildbiologisches Büro LUPUS)

# Inhalt



**Fotografen dieser Ausgabe:**
Gunther Kopp: www.kopp-foto.de
Jimmy Jones: www.jimmyjonesphotography.com
Nick Jans: www.nickjans.com
Monty Sloan: www.wolfphotography.com
Thorsten Emberger: www.frecherfuchs.de
Nina Blazon, Andrea Weil, Markus Kluge, Robert Franck,
Bruce Macadam, David Gerke, Elli H. Radinger

(Aufnahmen von in Gehegen/Wildparks lebenden Kaniden:
S. 2, 6/7, 9, 11, 19, 35, 39, 47, 50/51, 86/87; alle anderen Aufnahmen: wild lebende Tiere.)

Wölfe fressen keine Rotkäppchen. Vielmehr ist ihre Hauptnahrung in Deutschland Rehwild.
(© Gunther Kopp)

# Wer hat Angst vorm (bösen?) Wolf?

## Wie gefährlich ist der Wolf?

Elli H. Radinger

**»Es hat noch nie einen Fall gegeben, bei dem ein gesunder, wilder Wolf einen Menschen angegriffen hat«. Wie oft haben wir, die wir das Leben der Wölfe erforschen, diesen Satz schon gesagt, besonders, wenn wir versucht haben, bei Seminaren und Vorträgen auf die Ungefährlichkeit des Wolfes hinzuweisen. Aber stimmt diese Behauptung wirklich?**

## Das Rotkäppchen-Syndrom

Seit Tagen schon hat es nicht mehr aufgehört zu schneien. Ein Blizzard hat das kleine Dorf in der Taiga fest im Griff. Bei eisigem Sturm und Minustemperaturen um 40 Grad Celsius können die Bewohner keinen Schritt mehr aus dem Haus machen. Sie schaffen es noch nicht einmal mehr zu den Vorratshäusern, wo sie die magere Ernte der letzten Jahre in tief in die Erde eingegrabenen Räumen aufbewahren. Die Menschen haben Hunger. Aber nicht nur sie.

Draußen hören sie ein Heulen. Zunächst ist es nur ein einzelner Ton, aber in den nächsten Nächten werden es mehr – und sie kommen näher. Sobald es dunkel wird, sehen die Dorfbewohner graue Schatten um die Häuser huschen. Gelegentlich blicken glühende Augen in ihre Fenster hinein. Die Wölfe sind da! Sie haben das Dorf belagert, und sie haben Hunger …

So oder so ähnlich können wir es immer noch in Büchern lesen – und nicht nur in alten Büchern. Auch Jagdzeitschriften lassen gelegentlich ein ähnliches Szenario auferstehen oder erzählen zum hundertsten Mal die Geschichte der russischen Troika, die von einem Rudel blutrünstiger Wölfe verfolgt wird.

Wölfe wecken schon immer ambivalente Gefühle in uns Menschen. Wir kennen und fürchten sie von Kindesbeinen an durch Märchen wie »Rotkäppchen« oder »Der Wolf und die sieben Geißlein« – und dennoch sind sie uns so vertraut wie kein anderes Tier, denn ihre domestizierten Brüder und Schwestern leben seit Jahrtausenden gemeinsam mit uns in unseren Familien.

Dank steter Aufklärungsbemühungen gibt es heute zum Glück immer mehr Menschen, die Wölfe positiv sehen und sich für ihren Schutz einsetzen. Sie behaupten von sich, keine Angst vor den wilden Vorfahren ihrer Hunde zu haben. Aber auch sie sind skeptisch, wenn man sie fragt, ob sie mit ihren Kindern noch im nahe gelegenen Wald spazieren gehen würden, wenn dort ein Wolfsrudel lebte. Die Angst des Menschen vor dem Wolf ist tief in uns verankert.

Seit mehr als drei Jahrzehnten halte ich mich in der Wildnis in Wolfs- und Bärengebieten auf. So lebte ich beispielsweise mehrere Monate im nördlichen Minnesota an der kanadischen Grenze in einer einsamen Block-

▲ So stellen sich viele Menschen einen angreifenden Wolf vor. Dieser Wolf greift nicht an, sondern verteidigt lediglich sein Futter gegenüber einem anderen Wolf. (© Gunther Kopp)

hütte. Fast jede Nacht hörte ich die Wölfe heulen und fand am Morgen ihre Spuren im Schnee in der Nähe meiner Cabin. Wenn das Nordlicht besonders schön war, schlief ich in meinem warmen Schlafsack im Freien, begleitet vom nahen Gesang der Wölfe.

Angst habe ich dabei nie gehabt; im Gegenteil, so sehr ich mir auch wünschte, einen Wolf zu sehen, so bekam ich den scheuen Beutegreifer kaum zu Gesicht. Nur ganz selten, in hellen Vollmondnächten, sah ich dunkle Schatten über den zugefrorenen See in der Nähe huschen.

Eines Morgens fand ich auf einer Schneewanderung einen frisch getöteten Hirsch. Er war bereits aufgerissen, und die Innereien dampften noch warm in der Kälte. Im Schnee sah ich viele Wolfsspuren. Ich musste die Tiere also von ihrer Nahrung aufgescheucht haben. Ich war allein, und sie waren mindestens fünf große, hungrige Wölfe, deren Kiefer so stark sind, dass sie ohne Probleme den Schädel eines erwachsenen Elches aufbrechen können. Mit Leichtigkeit könnten sie einen Menschen töten. Warum waren sie also weggelaufen, statt mich anzugreifen und ihre Beute zu verteidigen? Einen Bären hätte ich nicht so leicht vertreiben können.

## Eine uralte Frage

Können Wölfe eine echte Bedrohung für Menschen sein? Haben sie jemals Menschen angegriffen? Es ist eine uralte Frage, beladen mit Aberglauben und Ängsten.

Unzählige Fachleute bekräftigen seit Jahren, dass Wölfe Menschen nicht gefährlich werden können. Selbst in der Arktis, wo sie nur sehr wenigen Menschen begegnen, scheinen die Beutegreifer instinktiv zu wissen, dass man uns besser alleine lässt, dass wir eine übermächtige Kreatur sind, die auf sichere Distanz gemieden oder toleriert werden muss.

Der amerikanische Biologe Douglas Pimlot erklärt den Respekt des Beutegreifers vor Menschen auf der Grundlage der Körpersprache: »Wölfe haben die instinktive Fähigkeit, Aggression oder Angst zu erkennen, die sich auf ganz unterschwellige Weise durch unser Verhalten oder unsere Taten ausdrücken. Wir bewegen uns so wie viele Beutegreifer. Wir schleichen durch die Wälder und streifen selbstbewusst über die Felder, so wie ein Wolf, der auf der Suche nach Nahrung sein Gebiet durchstreift.« Nach Ansicht von Pimlot kann unser Verhalten den Wölfen zu verstehen geben, dass wir gleichgestellte Jäger sind – nicht Beute.

▶ Wild lebende Wölfe sind extrem scheu. Sie zu Gesicht zu bekommen, ist ein großes Geschenk. (© Gunther Kopp)

Dave Mech, der bekannteste Wolfsexperte Nordamerikas, sieht einen weiteren Grund, warum Wölfe keine Menschen angreifen, darin, dass Menschen aufrecht auf zwei Beinen gehen. Keine Beute des Wolfes tut dies. Außerdem stehen Bären manchmal auf ihren Hinterbeinen, und im Allgemeinen versuchen Wölfe, Bären zu meiden.

## Wie war es früher?

Aber wie war es früher? Im 18. Jahrhundert, als die ersten Europäer über die westlichen Prärien reisten, waren Wölfe nicht abgeneigt, menschliche Körper zu fressen. Während des Winters war es Brauch bei den Indianern, ihre Verstorbenen, in Felle eingehüllt, auf Gestelle in die Bäume zu legen – außerhalb der Reichweite von Aasfressern. Wenn der Boden aufgetaut war, beerdigten sowohl Indianer als auch Weiße ihre Toten in der Erde und bedeckten die Gräber mit schweren Steinen. Die Tagebücher der ersten europäischen Scouts jedoch zeigten keinerlei Hinweis darauf, dass sie Wölfe für gefährlich hielten.

Im Gegensatz zu Nordamerika ist es unbestritten, dass in Europa Menschen von Wölfen angegriffen und getötet wurden, besonders in südlichen Ländern, wo die Zivilisation tief in die rauen Berge reicht. Die europäischen Bauern waren keine Jäger, verdienten jedoch ihren Lebensunterhalt auf den Feldern oder durch das Halten von Nutzvieh.

Ein berüchtigter und gut dokumentierter Fall von Wölfen, die Menschen töteten, geschah in Frankreich zwischen 1764 und 1767, als die »Bestie von Gevaudan« über hundert Menschen verwundete, von denen 64 (meist Kinder) starben. Es hörte erst auf, als zwei Tiere getötet wurden, beide sehr groß und über 58 kg schwer, schwerer als die größten, bisher bekannten südlichen Wölfe. Der Verdacht ist daher gerechtfertigt, dass diese Menschenjäger nicht reine Wölfe, sondern Wolf-Hund-Mischlinge waren.

Ohne Zweifel können Haushunde gegenüber Menschen aggressiv werden. Die »besten Freunde des Menschen« beißen jährlich Tausende von Kindern und Erwachsenen und töten sie auch gelegentlich.

Die klassische Geschichte der menschenfressenden Wölfe sollte – wie viele dieser Art – als Volksmärchen angesehen werden, obwohl es durchaus möglich ist, dass Wölfe einem von Pferden gezogenen Schlitten folgen. In tiefem Schnee lässt sich in Schlittenspuren leichter laufen, oder vielleicht auch einfach nur aus Neugier.

Ein weiterer möglicher Grund, warum Wölfe in Europa Menschen angegriffen haben, ist Tollwut. Tiere, die diese gefürchtete Krankheit befällt, verlieren ihre natürliche Scheu und beißen jedes Wesen, das sie treffen, Mensch oder Tier. Das Risiko, von einem tollwütigen Hund oder Wolf gebissen zu werden, war eine harte Realität im mittelalterlichen Europa. Dieses Risiko ist mit dem Rückgang der Tollwut in der Wildtierpopulation drastisch gesunken. In Asien und Eurasien besteht es weiterhin. Hier allerdings wird Tollwut weniger durch Wölfe als durch Straßenhunde auf Menschen übertragen.

## Wolfsangriffe heute

Aber auch in jüngster Zeit gibt es Bericht von Wolfsangriffen – überwiegend aus Indien und Zentralasien sowie aus Nordamerika. Zum ersten Mal wurde das 2002 wissenschaftlich dokumentiert durch den Linnell-Report[1]. 18 namhafte europäische Wissenschaftler und Biologen untersuchten Dokumente vom 16. bis zum 21. Jahrhundert. Es ist der erste detaillierte Bericht von Wolfsangriffen auf Menschen in Nordamerika, Europa, Indien, China und Japan. Zuvor hatte Mark McNay[2], ein Biologe der Fisch- und Wildbehörde von Alaska, 80 Begegnungen zwischen Menschen und Wölfen zusammengetragen, die seit 1900 in Alaska, Kanada und Minnesota stattgefunden haben.

Beide Studien bestätigen, dass in den letzten Jahrhunderten Menschen sowohl von gesunden als auch von tollwütigen Wölfen getötet worden sind. Dabei waren Angriffe von tollwütigen Wölfen am häufigsten, wobei diese meist Erwachsene angriffen, während bei gesunden Wölfen überwiegend Kinder (90 %) die Opfer von Beuteangriffen waren, und zwar meist Kinder unter zehn Jahren. Wenn Wölfe Erwachsene als Beute sahen, dann waren die Opfer fast immer Frauen. Dieses Muster entspricht der Tendenz der Wölfe, die schwächste und am einfachsten zu fangende Beute anzugreifen.

Dass Wölfe Menschen als Beute ansehen, ist heute extrem selten. Daher werden in der heutigen Zeit die meisten Wolfsangriffe auf Menschen durch Gewöhnung und Futterassoziierung hervorgerufen, wie zum Beispiel bei dem bekanntesten Wolfsangriff im kanadischen Algonquin Provincial Park, wo das Besucheraufkommen sehr hoch ist:

Am 17. August 1996 holte ein Wolf einen elfjährigen Jungen aus seinem Schlafsack. Als er ihn fortziehen wollte, schnappte er den Jungen ins Gesicht und verursachte eine Wunde, die mit 80 Stichen genäht werden musste. Amerikas bekanntester Wolfsforscher, Dave Mech, ist der Auffassung, dass der Wolf versucht haben könnte, nicht den Jungen, sondern seinen Schlafsack zu ergreifen. Mech selber hat die letzten 15 Sommer damit verbracht, mit einem Rudel von 16 wilden Wölfen in der Arktis, 600 Meilen vom Nordpol entfernt zu leben. Nur die dünne Nylonwand seines Zeltes trennte ihn von den Tieren. Keiner von ihnen hat Mech jemals Furcht eingeflößt. Gelegentlich versuchten die Wölfe, seinen leeren Schlafsack aus dem Zelt zu ziehen. Ein anderes Mal

1 Linnell J. et al 2002
2 McNay, Mark E., 2002

▲ Obwohl sich in vielen Nationalparks Wölfe schon an die Anwesenheit von Menschen gewöhnt haben, bleiben sie scheu genug, um die Zweibeiner zu meiden – solange sie nicht gefüttert werden. Hier (in Yellowstone) beobachtet die Leitwölfin des Lamar Canyon Rudels Fotografen und Wolfsbeobachter. (© Jimmy Jones)

versuchten sie, mit einem Schlafsack davon zu rennen, den er in der Tundra gelüftet hatte. Wölfe scheinen – ebenso wie Hunde – von weichen, lockeren und pelzähnlichen Gegenständen angezogen zu werden, mit denen sie spielen, oder die sie auseinanderreißen.

Der entscheidende Faktor bei den meisten neueren Wolfsangriffen ist die Tatsache, dass die Tiere sich an Menschen gewöhnt hatten. Einige Tage vor dem Angriff auf den Jungen im Algonquin-Park war der Wolf mit Rucksäcken, Tennisschuhen und anderen menschlichen Gegenständen davongerannt. Er hatte sogar Essensvorräte von Touristen vertilgt.

Während diese Kombination der Umstände – Füttern von Wölfen – nicht immer zu Zwischenfällen führt, bei denen Menschen verletzt werden, so scheint es eine prädisponierte Kondition zu sein. Einfach ausgedrückt: Es ist nicht der Grund dafür, dass Wölfe Menschen verletzen, aber es scheint eine notwendige Voraussetzung dafür zu sein.

Ebenso wie Bären, die sich von Müllhalden, aus Mülleimern oder von Funden auf Campingplätzen ernähren, so hatte dieser Wolf nicht nur seine Angst vor Menschen verloren, er wurde dafür auch noch belohnt.

Aber es gibt auch beutemotivierte Angriffe auf Menschen. Am 8. November 2005 wurde in Saskatchewan der Student Kenton Carnegie während seiner morgendlichen Joggingrunde von Wölfen angegriffen und getötet[3]. Die mit der Untersuchung beauftragten Experten konnten sich nicht einigen, ob ein Bär oder Wölfe Carnegie getötet hatten. Die Wahrscheinlichkeit ist groß, dass es Wölfe waren.

Der jüngste Zwischenfall ereignete sich am 8. Mai 2010 im Südwesten Alaskas, als die 32-jährige Lehrerin Candice Berner tot aufgefunden wurde[4]. Die Untersuchung ergab, dass die Frau vermutlich von Wölfen getötet worden ist. Sowohl Berner als auch Carnegie sind in unübersichtlichem Gelände gejoggt, was mit zu dem Angriff beigetragen haben könnte.

Sehr viel beunruhigender sind Meldungen aus Indien, wo Wölfe offensichtlich Menschen getötet und verletzt haben. Diese Berichte sind von qualifizierten Fachleuten untersucht und bestätigt worden, unter anderem von Dr. Yadvendradev Jhala[5], ein in den USA ausgebildeter Wildbiologe, der die Wölfe in seinem Heimatland Indien erforscht. In den letzten 20 Jahren wurden im indischen Bundesstaat Uttar Pradesh mindestens 273 Kinder von einem oder mehreren Wölfen getötet. Fast alle Opfer waren jünger als zehn Jahre und hatten am Rand von kleinen Dörfern in dicht bewachsenem Unterholz gespielt oder es als Toilette benutzt. In diesem Gebiet gibt es sehr wenig wilde Beute, und das

---

3 ADF&G und Paquet, P. 2008

4 Butler et. al, 2011

5 *Jhala*, Y, 2007

meiste Nutzvieh wird sehr gut behütet. Zum Zeitpunkt ihres Todes waren die Kinder unbeaufsichtigt, vielleicht auch von ihren Eltern vernachlässigt. Weil die Regierung Eltern, deren Kinder von wilden Tieren getötet werden, mit mehr als einem durchschnittlichen Jahresgehalt entschädigt, glauben indische Biologen, dass dies ein Anreiz für Eltern sein könnte, ihre Kinder nicht ganz so genau zu beobachten wie sonst. In Gegenden, wo die Tötungen stattfanden, halten sich Wölfe häufig in der Nähe von Ortschaften auf und kommen sogar manchmal in die Hütten der Dorfbewohner. Sie haben offensichtlich ihre Angst vor den Zweibeinern verloren; vielleicht sind sie auch mangels natürlicher Beute so hungrig, dass sie in der Nähe von menschlichen Behausungen nach Nahrung suchen. Diese Kombination aus mangelnder Angst, Nähe zu Menschen und der Anwesenheit vieler kleiner Kinder in dichtem Unterholz bringt vermutlich in einigen mutigeren Wölfen die Tendenz hervor, mit dieser neuen Art von Beute zu experimentieren und führt, wenn einige dieser »Experimente« erfolgreich verlaufen, zu einer gewissen »Tendenz« bei der örtlichen Wolfspopulation.

## Hunde provozieren Wölfe

Auch Hunde können Zwischenfälle mit Wölfen provozieren. Kleine Hunde sind für Wölfe Beute, und größere Hunde können für sie Nahrungskonkurrenten sein. Außerdem sind Hunde in vielen Ländern eine wichtige Nahrungsquelle für Wölfe, wie zum Beispiel in Kroatien, wo nach einer Umfrage mehr Hunde als Schafe von Wölfen getötet werden, oder in Russland, wo Wölfe die Zahl der streunenden Hunde reduzieren.

In nordeuropäischen Ländern, in denen Wölfe leben, werden viele Jagd- und auch einige Haushunde von ihnen getötet. So wurden zum Beispiel in Schweden von 2005 bis Ende 2009 120 Jagdhunde von Wölfen getötet. In Polen hatte sich 2005 ein Wolfsrudel auf das Töten von Hunden spezialisiert. Innerhalb weniger Monate fielen 30 Haushunde den Wölfen zum Opfern, die sie meist direkt von der Kette weg fraßen. Die Behörden gaben daraufhin zwei Wölfe zum Abschuss frei.

Schlittenhunde oder draußen angeleinte oder angekettete Hunde sind potenzielle Wolfsopfer. Wölfe, die in der Nähe von Häusern Hunde angreifen, sind oft so intensiv auf ihre Beute konzentriert, dass sie zeitweise ihre Angst vor Menschen verlieren. Auch Hunde, die an der Leine ausgeführt werden, sind schon von Wölfen angegriffen worden. Verteidigt dann der Mensch sein Haustier, kann dies dazu führen, dass

▲ Dass Wölfe sich mit Hunden anfreunden, wie hier in Alaska, ist eher der Ausnahmefall. Derselbe Wolf greift kurze Zeit später einen anderen kleinen Hund an ▼. (© Nick Jans)

der Wolf seinerseits einen Verteidigungsangriff beginnt.

Die Haltung von Haushunden und die Ausübung der Jagd mit Hunden sind in Deutschland jedoch völlig anders als im nördlichen Europa. Jedoch sollten Hunde in Wolfsgebieten grundsätzlich nachts im Haus gehalten und tagsüber an der Leine geführt werden.

## Problem: Wolfshybriden und zahme Wölfe als Haustiere

Die immer stärker werdende Popularität von Wölfen und Wolfsmischlingen als Haustiere ist ein Auswuchs der menschlichen Faszination von Wölfen. Der Trend kam vor etwa 15 Jahren aus den USA nach Deutschland und ist zum Glück wieder rückläufig. Traurig ist, dass der Besitz und der Handel mit diesen Tieren eine weitere Ausbeutung des Wildtieres Wolf ist.

Ein »Wolf-Hund-Mischling« ist die Kreuzung der ersten Generation zwischen einem reinen Wolf und einem Haushund oder einem Wolfshybriden. Der Nachwuchs dieser Tiere kann in Erscheinungsbild und Temperament drastisch variieren. Einige haben stärkeres Wolfsverhalten, während andere mehr wie ein Hund reagieren. Ein »Wolfshybride« ist die Kreuzung zwischen zwei Wolf-Hund-Hybriden oder zwischen einem Wolf-Hund-Hybriden und einem Haushund. Sowohl beim Wolf-Hund-Mischling als auch beim Wolfshybriden treten die meisten wölfischen Verhaltensweisen erst nach der Geschlechtsreife im Alter von zwei bis drei Jahren auf.

Warum sich Menschen einen Wolf-Hund-Mischling zulegen, mag dahingestellt bleiben. Tatsache ist, dass viele Mischlingsbesitzer mit beginnender Geschlechtsreife ihrer Tiere keine Kontrolle mehr über ihr exotisches Haustier haben. Auch einige bedauernswerte Wölfe, die als Welpen in Privathand verkauft oder abgegeben wurden, werden mit zunehmendem Alter ihrem Ruf als »süßes Fellbündel« nicht mehr gerecht und greifen an.

▲ Von Wolfsmischlingen (hier: Wolf-Schäferhund) geht eine sehr viel größere Gefahr aus als von frei lebenden Wölfen. (© Monty Sloan)

Zwischen 1981 und 1999 wurden in den USA13 Menschen von Hybriden getötet und einer von einem zahmen Wolf. 38 weitere wurden in den USA von Hybriden schwer verletzt, fünf von Wölfen, drei davon von Zoowölfen. Alle Opfer waren Kinder im Alter von einer Woche bis zu 14 Jahren.

Wölfe und Hybriden eignen sich grundsätzlich NICHT als Haustiere. Die Verhaltensforscherin Dorit Feddersen-Petersen bezeichnet sie als »Kunstprodukt« des Menschen und rät dringend von der Haltung ab: »Ein Verbot dieser Züchtungen ohne vernünftigen Grund ist überfällig: aus Tierschutzgründen und aus Gründen des Menschenschutzes.« [6]

▲ Wölfe im Gehege sind und bleiben unberechenbar und müssen mit Vorsicht behandelt werden. (© Gunther Kopp)

## Angriffe durch Zoo- und Gehegewölfe

Auch Zoo- und Gehegewölfe greifen an und verletzen oder töten Menschen, die beispielsweise – entgegen jeder Vernunft – versuchen, über den Gehegezaun zu klettern oder hindurchzugreifen, um die Tiere zu streicheln. Zoowölfe sind nicht zahm, sondern im besten Fall auf den Menschen sozialisiert. Dass sie aber dennoch wilde Tiere bleiben, zeigt der jüngste und spektakulärste Zwischenfall in Schweden im Juni 2012. Der Tierpark Kolmården bot als Attraktion »Nahkontakt mit Wölfen« an. Besucher durften mit fachkundiger Begleitung das Gehege betreten und jeweils etwa eine Stunde lang die Wölfe streicheln. Die Pflegerin der Wölfe hatte das Wolfsgehege allein betreten und war, als sie nicht wieder zurückkam, tot auf dem Boden liegend aufgefunden worden, die Wölfe über ihr. Zoomitarbeiter und Retter hatten Mühe, zu dem Opfer vorzudringen, da die Wölfe sich äußerst aggressiv verhielten. Erst als die Polizei anrückte und einige der Tiere mit einem Betäubungsgewehr außer Gefecht setzte, konnten die sterblichen Überreste der Frau aus dem Gehege geschafft werden.

6 Feddersen-Petersen, 2004

In diesem Tierpark hatte es zuvor bereits Zwischenfälle gegeben, bei denen Besucher von den Wölfen gebissen worden waren. Im August 2010 wurde bei einem Besuch mit Nahkontakt eine 21-jährige Frau in den Arm gebissen, und im April 2012 geriet eine 15-Jährige beim Besuch des Geheges in Panik und wurde ebenfalls gebissen. Nach dem Unfall im Juni hatten Besucher berichtet, dass die Wölfe sich schon länger unruhig und aggressiv verhalten hätten. Diese Behauptung wurde von der Zooleitung zurückgewiesen.

Auch bei einem Ausbruch von Zoowölfen kann eine Gefahr für Menschen bestehen. Wie sie auf den Anblick von Menschen reagieren, hängt unter anderem davon ab, wie sie aufgezogen wurden. Von Hand aufgezogene Wölfe sind an Menschen gewohnt. Sie könnten nach einem Ausbruch möglicherweise deren Nähe suchen. Dagegen sind Zoowölfe, die nicht von Hand aufgezogen wurden, scheuer und werden vermutlich die Nähe zu Menschen meiden.

In den letzten Jahren brachen in Deutschland einige Zoowölfe aus ihrer Gefangenschaft aus und überlebten teilweise monatelang unbemerkt in deutschen Wäldern und in der Nähe von Ortschaften, bevor sie von Jägern oder Polizisten erschossen wurden.

Der letzte Zoowolf brach im Herbst 2011 aus dem Zoo Wingst (Niedersachsen) aus und hält sich bis heute versteckt.

## Angriffe auf Weidetiere

Die Domestikation von Tieren und ihrer Verwendung als Nutztiere brachte massive Veränderungen in der Einstellung der Menschen zu Wölfen mit sich. Angriffe auf Weidetiere waren der Hauptgrund für groß angelegte Vernichtungskampagnen. Auch heute noch sind sie eines der größten Probleme beim Schutz der Wölfe.

In jedem Land, in dem die beiden koexistieren, greifen Wölfe Nutztiere an. Abgesehen von den wirtschaftlichen Verlusten führt die bloße Bedrohung ihrer Tiere bei Nutztierhaltern schon zu Stress. Trotz aller technischer und menschlicher Bemühungen ist es bisher noch nicht gelungen, diesen Konflikt zu lösen. Hinzu kommt der menschliche Aspekt: Werte und Emotionen treffen aufeinander, und Falschinformationen gibt es zuhauf.

Als echte Opportunisten töten Wölfe jedes erreichbare Nutztier, wenn es ihnen leicht zugänglich gemacht wird. In Deutschland sind dies meist Schafe. Von 2002 bis zum April 2012 wurden allein in Sachsen 309 Schafe gerissen; die meisten waren nicht geschützt.[7]

Manchmal geschieht es, dass Wölfe mehr Tiere reißen, als sie fressen können: Rennende, eingezäunte Schafe, die nicht flüchten können, lösen immer wieder von Neuem einen Tötungsreflex beim Wolf aus. Zum Fressen kommt er

7 Schadensstatistik Sachsen, Stand 24.4.12, Kontaktbüro Wolfsregion Lausitz.

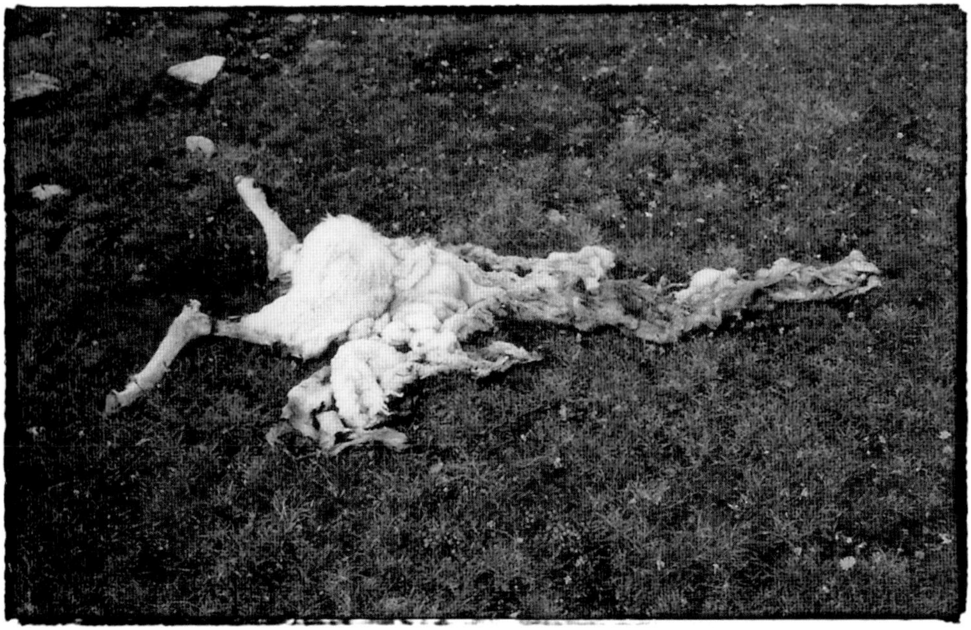

▲ Überreste eines gerissenen Schafes in der Schweiz. (© David Gerke)

nicht, die getöteten Tiere bleiben liegen. Verständlich, dass dies beim Schafhalter neben den wirtschaftlichen Verlusten auch zu starken Emotionen gegen die »blutrünstige Bestie Wolf« führt.

In deutschen Wolfsgebieten werden die Nutztierhalter nicht umhin können, aufzurüsten, und zwar mit Elektrozäunen und Herdenschutztieren. Nur dann sind ihre Tiere sicher. Alle Schutzmaßnahmen werden in den Wolfsgebieten vom Staat finanziell unterstützt. Darüber hinaus bekommen Halter von getöteten Tieren eine Entschädigung.

Für den Menschen besteht bei einem Angriff der Wölfe auf seine Nutztiere normalerweise keine Gefahr. In Deutschland haben sich 2002 im Zusammenhang mit mehreren Angriffen auf eine Schafsherde nach dem ersten Schadensfall Jungwölfe dem Schäfer bis auf wenige Meter genähert. Nach den erfolgreichen Übergriffen auf die Schafe hatten sich die Wölfe nachts häufig in der Nähe der Herde aufgehalten und immer wieder versucht, an diese heranzukommen. Dabei wurden sie mehrfach direkt vom Schäfer gestört und verjagt. Wahrscheinlich hatten sie den Mann schon viele Nächte aus der Entfernung beobachtet. Als dieser eines Abends die Wölfe erneut in unmittelbarer Nähe der Schafe sah, schrie er sie an und trommelte auf seinen Traktor, um sie zu vertreiben. Vermutlich neugierig geworden von dem merkwürdigen Verhalten des Schäfers, kamen drei Wölfe daraufhin bis auf wenige Meter heran und beobachteten den Mann, der sich bei ihrer Annäherung auf den Traktor zurückzog. Obwohl sich die Wölfe noch einige Wochen in dem Gebiet aufhielten, blieb es bei diesem Einzelfall.[8]

## Keine Angst vorm Wolf

Vergleicht man alle Zwischenfälle, bei denen Wölfe Menschen angegriffen haben, dann zeigen wilde Wölfe ungewöhnliche Zurückhaltung, sogar bei ärgsten Provokationen, so zum Beispiel wenn Menschen in ihre Höhlen eindringen und die Welpen heraustragen. Tatsache ist, dass es fast schon ein Wunder ist, dass Angriffe auf Menschen so selten sind, ein Tribut an die Intelligenz und scheue Natur dieses einst so gefürchteten Beutegreifers.

Die Angst der Menschen vor dem Wolf entbehrt jeder realen Grundlage. In den letzten 50 Jahren wurden in Europa neun(!) Menschen von wilden Wölfen getötet, in fünf Fällen war dabei Tollwut im Spiel. Die anderen vier Unfälle werden aus den spanischen Pyrenäen gemeldet, wo sich die über Jahre hinweg in der Nähe eines Geflügelhofes aufgehalten und sich so an die Menschen gewöhnt haben.

Die Bedrohung durch Wölfe ist für uns Menschen so gering, dass sie noch nicht einmal ein Augenzwinkern wert ist. Aber unsere relative Sicherheit in der Nähe von Wölfen bedeutet nicht, dass sie uns lieben. Den Wölfen ist es egal, ob sie unser Totemtier sind. Ebenso wenig kümmert sie ihr schlechter Ruf im Märchen von Rotkäppchen. Wölfe sind intelligente, soziale, anpas-

8 Kluth & Reinhardt, 2007

**Wie verhalte ich mich, wenn ich einem wilden Wolf begegne?**

Die Chance, in Europa oder Deutschland einem wilden Wolf zu begegnen, ist sehr gering. Haben Sie das große Glück einer Wolfsbegegnung, beachten Sie folgendes:

- Nehmen Sie Ihren Hund im Wolfsgebiet grundsätzlich an die Leine, lassen sie ihn nachts nicht alleine im Hof oder Garten.
- Ermutigen Sie den Wolf auf keinen Fall, näher zu kommen.
- Kommt er dennoch näher, sprechen Sie ihn mit ruhiger, selbstbewusster Stimme an. Vermeiden Sie alles, was ihn neugierig macht. Drücken Sie durch Ihre Körpersprache Selbstvertrauen und Größe aus.
- FÜTTERN SIE NIEMALS EINEN WOLF!!!! Denken Sie daran, dass ein gefütterter Wolf (Bär, Hirsch, Eichhörnchen etc.) ein toter Wolf ist.

sungsfähige, wilde Tiere mit Charaktereigenschaften, die von Individuum zu Individuum verschieden sind.

Es ist wichtig, dass wir Menschen verstehen, dass die wilden Verwandten unserer Hunde große Beutegreifer sind. Ebenso wie Bären aber auch wie viele unsere Haushunde sind sie damit potenziell gefährlich. Dies bedeutet nicht, dass wir einen Wolf mit einer ungesunden Furcht betrachten sollten, oder dass wir zurück in die Zeit gehen müssen, in der diese Tiere noch als Dämonen angesehen wurden. Es bedeutet nur, dass wir Wölfe mit demselben gesunden Respekt betrachten sollen, wie jedes andere potenziell gefährliche Tier.

## Buchtipp

**Wolfsangriffe – Fakt oder Fiktion?**
Elli H. Radinger
Aktualisierte und erweiterte
Neuauflage ab April 2013
Auch als E-Book
ISBN: 978-1478199397

## Literatur


Alaska Department of Fish and Game Wildlife Technical Bulletin: »A Case History of Wolf-Human Encounters in Alaska and Canada«; Retrieved 2008-08-17

Butler, L., Dale, B., Beckmen, K., Farley, S.: Findings related to the March 2010 Fatal Wolf Attack near Chignik Lake, Alaska; Wildlife Special Publication, DFF&G/DWC/WSP-2011-2

Feddersen-Petersen, D.: Hundepsychologie, Sozialverhalten und Wesen. Emotionen und Individualität, Kosmos 2004

Jhala, Yadvendradev: Human-wolf conflict in Indi;. Wildlife Institute of India. Retrieved 2007-05-31.

Kluth, G. & Reinhardt, I.: Leben mit Wölfen. Leitfaden für den Umgang mit einer konfliktträchtigen Art in Deutschland.«; BfN-Skripten 201; 2007

Linnell, J., Andersen, R., Andersone, Z., Balciauskas, L., Blanco, J.C., Boitani, L., Brainerd, S., Breitenmoser, U., Kojola, I., Liberg, O., Løe, J.; Okarma,H., Pedersen, H., Promberger, C., Sand, H., Solberg,E., Valdmann, H., Wabakken, P.: The fear of wolves: A review of wolf attacks on humans. NINA, Norsk institutt for naturforskning, Trondheim 2002

McNay, Mark E.: A Case History of Wolf-Human Encounters in Alaska and Canada. Alaska Department of Fish and Game, Wildlife Technical Bulletin, 2002

Mech, David L.:Wolves. Behavior, Ecology and Conservation. University of Chicago Press, Chicago 2003

Mech David L.: The Wolf. University of Minnesota Press 1988

Pimlott, D.H., Carbyn, L.N. : Wolf, Canadian Wildlife Service, Environment Canada 1993

Paquet, P. & Walker, E. G.: Review of Investigative Findings Relating to the Death of Kenton Carnegie at Points North, Saskatchewan; 2008

Obwohl der Wolf eine streng geschützte Art ist, geschieht es immer wieder, dass er von Jägern erschossen wird. Hier der erste Wolf, der seit 120 Jahren im Westerwald gesichtet wurde. Er wurde vom Jagdpächter erschossen. Seine Schutzbehauptung: Er habe geglaubt, es sei ein wildernder Hund. (© Polizeistation Montabaur)

# Der Wolf – ein ökonomischer Schädling?

Dr. Frank G. Wörner

**»Es gibt keine Entscheidung für oder gegen den Wolf. Der Wolf ist eine geschützte Art. Deshalb sind wir schon vom Gesetz her verpflichtet, den Fortbestand der Art zu gewährleisten.« (Dr. Till Backhaus, Landwirtschafts- und Umweltminister Mecklenburg-Vorpommern, 2009)**

## Die Rückkehr der Wölfe

Der Wolf war nie ganz aus Deutschland verschwunden, zumindest auf dem Gebiet der ehemaligen DDR wurde er als Wechselwild immer wieder gesehen und geschossen (22 registrierte Erlegungen von 1945 bis 1990). Eine Sensation war es aber, als sich vor mehr als 20 Jahren die ersten Tiere auf einem Truppenübungsplatz in der Lausitz etablierten und ab 2000 erfolgreich Welpen aufzogen.

Es wird immer größeren Bevölkerungskreisen bewusst, dass der Wolf keine Bedrohung für den Menschen darstellt, und ein großer Teil unserer Bevölkerung begrüßt seine Rückkehr vorbehaltlos. Unreflektierte Bedenken werden aber immer noch geäußert. Mit der Rückkehr der Wölfe haben wir derzeit eine Polarisierung zwischen Wolfsbegeisterten und einer Lobby aus vor allem Viehhaltern (hauptsächlich Schäfer) und Jägern, die zum Teil die Rückbesiedlung unserer Wildbahn durch den Wolf heftig ablehnen. Gerade die Jägerschaft ist wegen ihrer guten Organisation in einem großen Interessenverband und ihrer oftmals politisch, wirtschaftlich und gesellschaftlich einflussreichen Mitgliedern als Wolfsgegner absolut ernst zunehmen. Letztendlich wird im Wald von dem Mann mit der Waffe entschieden, ob der Wolf eine Chance hat oder nicht.

Nach einer Umfrage des NABU ist eine deutliche Mehrheit der Bevölkerung gegen eine Bejagung der Wölfe. Wie wir aus der Slowakei, Polen und Rumänien wissen, hat die Landbevölkerung in Wolfsgebieten vor ihnen keine Angst, weil man dort ihre Ungefährlichkeit kennt. Dort wird allerdings (zu Recht) der Bär weitaus mehr gefürchtet: Von 1900 bis 2000 wurden in Europa 36 Menschen von Bären getötet, allein 24 hiervon in Rumänien.

## Einfluss des Wolfes auf Wild und Jagd

Vom traditionellen Naturschutz wie BUND und NABU als Rückkehrer der ursprünglichen deutschen Fauna begrüßt und von einer romantisch schwärmenden Stadtbevölkerung bejubelt, werden sie von Teilen der Jägerschaft heftig abgelehnt, die dem Wolf das Wild neidet und in ihm einen Konkurrenten sieht.

Im Gegensatz hierzu steht die offizielle Einstellung der Jagdverbände, die die Rückkehr des Wolfes befürworten. Es ist also nicht die durch die Jagdverbände repräsentierte und

nther Kopp)

»offizielle« Jägerschaft, die gegen den Wolf ist, sondern nur eine schwer kalkulierbare Minderheit. Die offizielle Jägerschaft betont ihre positive Einstellung zur natürlichen Zuwanderung der Wölfe nach Deutschland, will Schutz- und Managementmaßnahmen für den Wolf mitgestalten und noch bestehende Skepsis durch gezielte Information abbauen. Mit Unverständnis und Bestürzung haben daher der Deutsche Jagdschutzverband (DJV), die Landesjägerschaft Niedersachsen e. V. (LJN) und der Naturschutzbund Deutschland (NABU) auf die Nachricht vom Abschuss eines Wolfes reagiert und eine gemeinsame Strafanzeige angekündigt. »Die Jägerschaft steht einer natürlichen Rückkehr von Großsäugern positiv gegenüber. Konflikte lassen sich nur durch eine intensive Zusammenarbeit aller beteiligten Behörden und Verbände sowie das Aufstellen von Managementplänen verhindern. Illegale Abschüsse stellen keine Lösung dar und werden von uns zutiefst verurteilt«, so LJN-Präsident Professor Dr. Klaus Pohlmeyer.

Es gibt erwartungsgemäß innerhalb der Jägerschaft Wolfsgegner und Wolfsfreunde, die ihre jeweilige Position wie folgt darstellen:

- Wolfsfreunde sehen in ihm einen Rückkehrer auf eigenen Pfoten, von selbst nach Hause gekommen und nicht etwa von Enthusiasten als »Kofferraumwolf« unüberlegt ausgesetzt. Er ist ein heimisches Wildtier mit dem gleichen Daseinsrecht wie Fuchs, Hase und Reh.
- Wolfsgegner (»Schwarze Schafe im grünen Rock«) verursachen Probleme unter anderem durch Verunsicherung der Bevölkerung mit gezielter Falschinformation (Gefährlichkeit der Wölfe), durch illegalen Abschuss und durch nachweislich falsche Behauptungen:
  - der Wolf sei Konkurrent und dezimiere das Schalenwild,
  - Schalenwild ändere sein Verhalten bei der Anwesenheit von Wölfen,
  - Hegebemühungen wie Fütterungen und Wildäcker würden durch Wölfe beeinträchtigt.

Der »Jagdwert« eines Reviers wird nicht nur am Jagdertrag gemessen, sondern auch an Naturnähe, Artenvielfalt und Erlebniswerten. Er wird nicht gemindert, wie Teile der Jägerschaft argumentieren, weil Wölfe ein Störfaktor seien und die Jagdstrecken mindern würden.

Wölfe sollten von der Jägerschaft als »Partner im Revier« akzeptiert werden. Sie wirken durch ihr selektives Beuteverhalten positiv auf die Bestände des Schalenwildes und steigern damit den Wert eines Jagdreviers. Erbeutet werden von ihnen vor allem junge/unerfahrene, überalterte, schwache und kranke Tiere, während vitale Tiere mittlerer Altersklasse entkommen; Jungtiere unterliegen ohnehin einer hohen natürlichen Mortalität. In

▲ Für den prächtigen Rothirsch ist der Wolf keine Bedrohung. (© Gunther Kopp)

▲ Rehe sind ein großer Schadensfaktor für den Wald. (© Gunther Kopp)

einem Ökosystem sind die Beutegreifer einer der großen Motoren für die Evolution, denn »Räuber [...] erzwingen bei ihren Opfern vielfältige Abwehrreaktionen wie Flucht, Tarnung, Gegenwehr oder schnelle Vermehrung. Ein ultimativer Zwang zur Kreativität baut sich auf. Das treibt die Vielfalt voran und die Evolution. [...] Je erfolgreicher sich die Opfer wehren, desto einfallsreicher und besser müssen die Angreifer werden. Auch sie sind zur Kreativität verdonnert. Das aber wiederum fordert die Opfer heraus. Und so schaukelt sich das System wechselseitig hoch. Dieser Koevolution verdanken wir so perfekte Tiere wie Hase und Fuchs ...«[9].

Schalenwild hat zwei Hauptfaktoren, die sein Verhalten dominieren: Nahrung und Feindvermeidung. Bei der hohen Mobilität der Wölfe macht ein Ortswechsel bei der Feindvermeidung keinen Sinn, und das Rotwild wird durch die Anwesenheit von Wölfen nicht scheuer – seine Tagaktivitäten nehmen zu. Durch die menschliche Bejagung wurde Rotwild nachtaktiv und wich in die Wälder aus. Beim Wolf macht diese Strategie wenig Sinn. Die Tiere weichen ins Offenland aus, da sie dort den Wolf besser sehen. Ein russisches Sprichwort sagt: »Wo der Wolf lebt, wächst der Wald«. Der Wolf hält das Wild in Bewegung und verhindert damit, dass der Nachwuchs an jungen Bäumen immer an den gleichen Stellen weggefressen wird.

9 Buer, 1997

## *Gefährdung der Schalenwildbestände durch den Wolf?*

Sind unsere Wildbestände gefährdet und rottet der Wolf das Reh, Rot- oder das Schwarzwild aus? Es ist die Größe der Beutetierpopulation, die die Größe der Beutegreiferpopulation reguliert und nicht umgekehrt! Die Anzahl der Beutegreifer ist ein Indikator für die Häufigkeit ihrer Beutetiere. Es ist in der Wildbiologie kein Fall bekannt, wo ein Beutegreifer seine Beutetiere ausgerottet hat. Die Wolfsbestände werden nicht uferlos wachsen, sondern sie werden sich auf einem bestimmten und ihrem Lebensraum angepassten Niveau einpendeln, da zwei wesentliche Faktoren die Individuenzahl einer Wildtierpopulation beeinflussen[10]:

1. **Dichteunabhängige Faktoren** sind unabhängig von der momentanen Populationsgröße (zum Beispiel: Verluste durch ungünstige Witterung: Schnee, Trockenheit)
2. **Dichteabhängige Faktoren** wirken umso stärker, wenn zunehmend immer mehr Individuen in einer intraspezifischen Konkurrenz um die gleichen Ressourcen (Nahrung) konkurrieren. Auch Krankheiten und Parasiten zählen zu den dichteabhängige Faktoren. Diese sorgen für eine Regulation der Populationsgröße, indem sie auf die Produktionsrate und/oder die natürliche Sterblichkeit einwirken. In einem ausgewogenen Sys-

10 Martin, 2002

tem wird die Population innerhalb bestimmter Dichtegrößen langfristig um einen theoretischen Mittelwert fluktuieren, der die »Carrying Capacity« dieses Systems für eine bestimmte Tierart darstellt (Lausitz zu Jahresbeginn 2012: ein Wolf auf 44 km² beziehungsweise 2,3 Exemplare auf 100 km²). Überzählige Tiere sterben oder wandern ab (»Wanderwölfe«).

Die bisherige Entwicklung der Jagdstrecken in der Wolfsregion Lausitz lässt keine Beeinflussung der Schalenwildbestände durch die Wölfe erkennen[11]. Die Jagdstrecken sind in der Lausitz seit Auftauchen der Wölfe ungefähr gleich geblieben oder sogar leicht gestiegen und weisen die gleichen Schwankungen auf wie diejenigen in Gebieten Sachsens, wo es keine Wölfe gibt. Die jagdliche Nutzung schöpft den Zuwachs des Schalenwildes nicht ab; trotz der Wölfe sind die Jagdstrecken mehr oder weniger von 1992/93 bis 2010/11 gleich geblieben, da der jährliche Zuwachs des Wildes die Nahrungsreserve für den Wolf bildet.

- Rotwildstrecken haben zugenommen,
- Rehwildstrecken sind auf gleichem Niveau geblieben,
- Schwarzwildstrecken fluktuieren auf hohem Niveau.

11 Wotschikowski, 2006 und www.wolfsregion-lausitz.de/2012

**Könnten Wölfe das einheimische Schalenwild dezimieren oder gar ausrotten?**

Als Beispiel wird immer das Muffelwild genannt: Ausgehend von einem angenommenen Bestand von 150 Wölfen in der BRD, das heißt einer Verdopplung der jetzigen Anzahl, würden diese 150 x 5 kg Schalenwild/Tag x 365 Tage = 273.500 kg (273 Tonnen) Schalenwild pro Jahr fressen; das bedeutet, dass 150 Wölfe nur 0,6 Prozent des durch Jagd und Unfälle gestreckten Schalenwildes erbeuten würden.

▲ Bei einer Jagdstrecke wie dieser kann man nicht von »Ausrottung des Wildes« durch den Wolf sprechen. (© Gunther Kopp)

***Aktuelle Jagdstrecke Schalenwild BRD plus Fallwild (Unfall)***

| **Wild** | **Anzahl x Gewicht** | **Summe kg** | **Tonnen (gerundet)** |
|---|---|---|---|
| Rehwild | 1.368.500 Stck. x 15 kg | 20.527.500 | 20.500 |
| Rotwild | 70.100 Stck. x 100 kg | 7.010.000 | 7.000 |
| Schwarzwild | 458.300 x 30 kg | 13.749.000 | 13.750 |
| Damwild | 62.700 x 50 kg | 3.135.000 | 3.130 |
| **Summe** | | 44.421.500 | **44.400** |

Quellen: Statistik DJV (2010), modif.; www.wildtierschutz-deutschland.de (modif.)

▲ Muffelwild ist keine heimische Tierart. Es wurde 1902 in Deutschland angesiedelt. (© Jörg Hempel/Wikimedia Commons)

## *Sonderfall Muffelwild*

Nachdem nachgewiesen wurde, dass der Wolf bislang keinen negativen Einfluss auf die Bestandsgröße von Reh-, Rot- und Schwarzwild hat, wird immer wieder das – tatsächliche – Verschwinden des Muffelwildes als Argument für die Gefährdung unseres heimischen Wildes durch den Wolf genannt. Der Muffelwildbestand in der Lausitz ist in kurzer Zeit von Wölfen eliminiert worden. Der Grund hierfür: Muffelwild, in Korsika und Sardinien beheimatet und erst 1902 in Deutschland eingebürgert, kennt keinen für ihn bedrohlichen Prädatoren und hat deshalb auch keine Feindvermeidungsstrategien gegen Wölfe entwickelt. Als Gebirgstier vermeidet es schnelle Fluchten, da dies in seiner eigentlichen Heimat zu tödlichen Abstürzen führen kann. »Die bedeutendsten Feinde des Muffelwildes sind wohl allerorts wildernde Hunde. ... Besonders gefährdet durch Hunde sind Lämmer, aber auch alte Widder sowie bewegungsgestörte Stücke«[12]. Der Wolf als einheimisches Tier konnte das Mufflon als ausgesetztes Wild eliminieren, weil dieses Wildschaf der mediterranen Karstgebirge nicht an die natürlichen Bedingungen der Lausitzer Wildbahn angepasst ist.

12 STUBBE, 1990

## Schäden, die der Wolf für die Weideviehhaltung verursachen kann

Gefährdet der Wolf Weidevieh? Der Wolf lebt als Fleischfresser (Carnivor) von anderen Tieren. Und hier beginnt tatsächlich ein Problem: Trifft ein hungriger Wolf auf Nutzvieh, insbesondere Schafe, läuft ein angeborener Mechanismus ab und er wird ein Schaf reißen. In der freien Natur hat ein Wildtier neben der Möglichkeit der Flucht noch voll erhaltene Instinkte, scharfe Sinnesorgane und Vermeidungsstrategien, die ein domestiziertes Tier nicht mehr hat und einem Räuber leichter zum Opfer fällt, besonders wenn es eingepfercht ist. In Wolfsgebieten wie der Lausitz sind deshalb Nutztierhalter (insbesondere Schafhalter) die am meisten von Wölfen betroffene Bevölkerungsgruppe. In Gebieten, in denen der Wolf lange nicht vorkam, muss man sich erst wieder an ihre Anwesenheit gewöhnen und Schutzmaßnahmen entwickeln. In Ländern mit einer ungebrochenen Schäfertradition wie beispielsweise Spanien, Italien und vor allem in den Karpaten wissen die Schäfer mit der Wolfsproblematik umzugehen.

▲ Wölfe fressen auch Schafe, besonders, wenn es ihnen leicht gemacht wird. Diese Aufnahme stammt aus dem »Wolfspark Werner Freund«. Die Wölfe haben gerade ein totes Lamm zum Fressen erhalten (© Gunther Kopp)

### Wie stellt sich die aktuelle Situation in der Lausitz dar?

Untersuchungen des Forschungsinstitutes Senckenberg in Görlitz an den unverdaulichen Rückständen von über 3.000 Kotproben und Beuteresten ergaben die Zusammensetzung der von Wölfen erbeuteten Tiere. Die Auswertungen ergaben, dass Schalenwild 94 Prozent der Beutetierbiomasse darstellt, wobei das Reh mit 55 Prozent als das wichtigste Beutetier vertreten ist, gefolgt von Rot- (21 Prozent) und Schwarzwild (18 Prozent). Der Anteil von Hasen betrug rund drei Prozent[13]. Hierzu erklärte der Leiter des Forschungsprojektes Hermann Ansorge in einem Interview: »Weniger als ein Prozent der analysierten Beutetiere kam aus dem Bereich der Nutztiere. Solange Schafe und Co. Gut geschützt werden und es genug Auswahl unter den Wildtieren gibt, gehen Wölfe nicht die Gefahr ein, mit Elektrozäunen oder Herdenschutzhunden konfrontiert zu werden.« Nach dem amerikanischen Kanidenexperten Ray Coppinger gehen durch den Einsatz geeigneter Herdenschutzhunde die Nutztiertötungen um mehr als 90 Prozent zurück!

Kommt es trotz geeigneter Schutzmaßnahmen zu einem Riss, wird der Viehhalter entschädigt. Es muss allerdings durch ausgebildete »Rissexperten« festgestellt werden, ob wirklich Wölfe die Schadensverursacher waren, und nicht sich auf »Privatjagd« vergnügende freilaufende Hunde. In Deutschland sind neben niveaugleichen Bahnübergängen, EU-Vorschriften und uneinsichtigen Autofahrern freilaufende Hunde das größte Problem für den Wanderschäfer und eine Gefahr für die Herden, über die kaum berichtet wird, vor allem im Frühjahr. Die Schäden, die den Schafhaltern durch Wolfsrisse entstanden, sind bislang sehr niedrig (Tabelle 1).

Für den zehnjährigen Zeitraum 2002 bis 2011 ergibt sich eine Schadensrate durch Wolfsrisse von knapp 30 Schafen/Jahr. Bei rund 180 Schäfereibetrieben entspricht dies einer durchschnittlichen Schadensrate von 1,6 Schafen pro Schäferei. 2002 – 2011 wurden weiterhin 49 Schafe durch Hunde getötet, 10 Schafe durch Füchse und 78 weitere durch andere Ursachen (meist Unfälle). Die vom Wolf verursachten Schäden wurden mit durchschnittlich 200 Euro pro Schadensfall reguliert. »Bislang hat in der sächsischen Lausitz kein Landwirtschaftsbetrieb wegen der Wölfe seinen Betrieb einschränken oder aufgeben müssen«, betont Katharina Weinberg, Sprecherin der NABU-Bundesarbeitsgruppe Wolf.

»Das zukünftige Verhältnis von Mensch und Wolf wird sich mittelfristig in einem wechselseitigen Lernprozess einspielen. Jahrhundertelang gehörten Wolfsrisse zur Arbeits- und Lebenskultur der Hirten und Schäfer. Mit Herdenschutzhunden begleitete man die

13 Wagner et al., 2012

***Tabelle 1***

**In Sachsen an das Wolfsmanagement gemeldete Schafsrisse**
**Verursacher Wolf oder Wolf nicht auszuschließen)**

| Jahr | tot/vermisst | davon geschützt | davon ungeschützt |
|---|---|---|---|
| 2002 | 33 | 33 | - |
| 2003 | - | - | - |
| 2004 | 3 | - | 3 |
| 2005 | - | - | - |
| 2006 | 31 | 19 | 12 |
| 2007 | 66 | 56 | 10 |
| 2008 | 54 | 30 | 24 |
| 2009 | 21 | 16 | 5 |
| 2010 | 16 | 3 | 13 |
| 2011 | 67 | 29 | 38 |
| 2012 | 18 | 5 | 13 |
| **Summe** | **309** | **191** | **118** |

Quelle: www.wolfsregion-lausitz.de (modif.) (Stand: 26.7.12)

**Wildernde Hunde in Wald und Feldgemarkung**

# Reh und Frischlinge tot gebissen

**Dietzenbach** (red) – Nach Auskunft der Jagdgenossenschaft Dietzenbach sind wieder Fälle bekannt geworden, in denen freilaufende Hunde im Wald und in der Feldgemarkung Wild gejagt und gerissen haben – so seien zwei tot gebissene Frischlinge und ein Reh gefunden worden. Bürgermeister Jürgen Rogg appelliert an die Einsicht der Hundehalterinnen und -halter. Die Hessische Gefahrenabwehrverordnung über das Halten und Führen von Hunden schreibt in § 1. Abs. 1 vor: „Hunde sind so zu halten und zu führen, dass von ihnen keine Gefahr für Leben oder Gesundheit von Menschen oder Tieren ausgeht."
Insbesondere in der so genannten „Setz- und Brutzeit" vom 15. Februar bis 15. Juni stellen nicht angeleinte Hunde eine besondere Gefährdung und Beunruhigung von Wildtieren und deren Nachwuchs dar.

**Lesen Sie weiter auf S. 2**

Wildernde Hunde sind immer wieder ein Problem. Ihre Taten werden oft Wölfen zugeschrieben. (Dietzenbach Stadtpost, 29.7.2010)

wandernden Herden, an manchen Orten Europas noch heute. [...] Wir werden wieder lernen und akzeptieren können, dass die Natur auch ein fremdes, nicht domestiziertes Gegenüber ist. [...] Die Wölfe werden immer wieder Schafe reißen, sie werden lernen, dass dies oft scheitert und die Zäune mitunter empfindlich schmerzen.«[14]

## Hat die Rückkehr der Wölfe ökonomische Vorteile?

### *Positive Auswirkungen auf das Ökosystem Wald*

Nachdem sich herausstellt, dass der Wolf bislang keinen schädlichen Einfluss auf die Schalenwildbestände hat und durch seine selektive Jagdweise die Bestände sogar verbessert, stellt sich die Frage, ob es noch weitere positive Effekte durch die Rückkehr der Wölfe in unsere heimische Wildbahn gibt. Schon Grzimek[15] stellte fest, dass »europäische Jäger oft das Verdienst haben, bestimmte Tierarten vor der Ausrottung bewahrt zu haben. Es gäbe wohl in Deutschland kaum noch Rothirsche oder Rehe, wenn Jäger nicht das Vergnügen behalten möchten, sie immer wieder totzuschießen. Sie hegen ihre Rehe im eigenen Revier, füttern sie im Winter und sehen sie mit ebenso stolzen und liebenden Augen wie der Bauer seine Kühe auf der Weide«. Das Resultat ist für den Wald verheerend: Deutschland hat weltweit die größte Wilddichte (Anzahl pro Fläche). Es wird nicht mit der notwendigen Konsequenz geschossen, durch unsinnige Winterfütterungen wird ein natürlicher Selektionsprozess weitgehend ausgeschaltet, und das »Ankirren« von Schwarzwild ist oft eine (illegale) versteckte Fütterung. Abgesehen hiervon braucht Wild in einem gesunden und naturnahen Wald keine Fütterung – sondern diese ist lediglich einer der Gründe und gleichzeitig auch Indikator für die unnatürlich hohen Wilddichten unserer Wälder. Eine Jagd auf Top-Prädatoren macht in kaum einem Ökosystem wirklich Sinn. In Deutschland mit den überhöhten Schalenwildbeständen gibt es keinen Grund für eine Bejagung des Wolfes!

Das Reh, in Deutschland das wichtigste Beutetier von Freund Isegrim, ist – nächst dem sauren Regen – der größte Schadensfaktor im deutschen Wald. Damit überhaupt wieder ein naturnaher Wald hochkommt, müssen Schutzflächen angelegt und gegattert werden, um Verbiss- und Fegeschäden zu vermeiden: Rehe verbeißen hauptsächlich die Triebe und Triebspitzen junger Bäume und Sträucher, Rot- und Damwild schälen die Rinde, die Hirsche und Rehböcke fegen ihren Bast.

▶ Ein altes Sprichwort sagt: »Wo der Wolf lebt, wächst der Wald.« Wölfe sorgen für ein gesundes Ökosystem und sind keine Bedrohung für den Jäger. (© Gunther Kopp)

---

14 Kokenbrink, 2002

15 Grzimek, 1954

Die Gatterung beläuft sich in Deutschland auf rund 70.000 km Zaun, also eine Strecke, die fast zwei Mal um den Äquator gegen würde. Berechnet man die Kosten eines derart langen Wildzaunes, so kommt man leicht auf mehrstellige Millionenbeträge. Nach einem Gutachten (Auftraggeber: Deutscher Forstwirtschaftsrat, Bundesamt für Naturschutz und Arbeitsgemeinschaft naturgemäße Waldwirtschaft[16]) haben wir in Deutschland eine Waldfläche von 11.075.800 Hektar, bei einer durchschnittlichen Umtriebszeit von 100 Jahren müssen jährlich 110.750 Hektar verjüngt werden, um eine nachhaltige Waldwirtschaft zu gewährleisten. Die gezäunten Flächen betragen bundesweit 300.000 Hektar, von denen zehn Prozent (30.000 Hektar) jährlich für einen Preis von mehr als 3.000 Euro pro Hektar neu gegattert werden müssen. Dies beläuft sich auf eine Summe von mindestens 90 Millionen Euro pro Jahr, die vom Steuerzahler aufgebracht werden müssen, da hauptsächlich Staatswald gegattert ist. Außerhalb von Schutzzäunen gelingt nur noch auf etwa fünf Prozent der Fläche eine natürliche Waldverjüngung. Waldbesitzer Sebastian Rotenhan – selbst begeisterter Jäger – vermutet, dass »Jedes Stück Rehwild, das über einen tragbaren Grundbestand hinaus meinen Wald bevölkert, richtet im Jahr einen Verbissschaden von 800 bis 1000 Euro an«[17].

16 Ammer et al., 2010

17 In: Lieckfeld & Trippel, 2011

Das Bundesministerium für Landwirtschaft und Forsten schätzt, dass durch die überhöhten Schalenwildbestände 38 Prozent der 20 bis 50 cm hohen Laubbäume durch Verbiss geschädigt sind und Kosten (ca. 60 Euro pro Hektar und Jahr = ca. 0,5 Milliarden) durch Zuwachsverluste, Neupflanzungen mit Verbissschutz und Kosten für den Zaunbau verursachen. Von einem »Schädling Wolf« im deutschen Wald kann also keine Rede sein, wenn er Schalenwild erbeutet.

## Reduzierung der Wildunfälle

Überhöhte Wildbestände sind auch einer der Gründe für zum Teil schwerste Verkehrsunfälle mit Toten und Schwerverletzten, die neben menschlichem Leid immense Kosten und großen volkswirtschaftlichen Schaden verursachen. Konkreten Zahlen für ein Jahr gibt exemplarisch die Wildunfallstatistik für den Zeitraum April 2009 – März 2010 zeigt (Quelle: djv-nachrichten Mai 2011):

| **Unfälle mit** | |
|---|---|
| Rehwild | 214.490 |
| Schwarzwild | 17.940 |
| Damwild | 3.640 |
| Rotwild | 2.760 |
| **Summe** | 238.00 |

Vor allem das Reh verursacht jährlich Unfälle (90 Prozent aller Wildunfälle werden durch Rehe verursacht), bei denen Menschen zu Schaden kommen, nur weil es in einer unverantwortlich hohen Dichte unsere gesamte Landschaft bis in die Stadtrandlagen hinein überschwemmt. In Deutschland werden jährlich bis zu 300.000 durch Wild verursachte Unfälle registriert, das entspricht rund 10 Prozent aller Verkehrsunfälle. Hierbei sterben bis zu 30 Menschen im Jahr, weitere 3.000 werden zum Teil erheblich verletzt (Tabelle 2). Die hierbei anfallenden Sachschäden werden vom ADAC auf eine Höhe von > 500 Millionen Euro geschätzt (durchschnittlich 2.000 Euro pro Unfall). Hinzu kommt noch eine hohe Dunkelziffer; es wird davon ausgegangen, dass rund ein Drittel aller ungeklärten tödlichen Unfälle an Bäumen auf missglückte Ausweichmanöver zurück zuführen ist.

***Tabelle 2***

**Wildunfallstatistik Deutschland 1997 – 2010**
**(in einem durchschnittlichen Zeitraum von 14 Jahren)**

| | Anzahl | Durchschnitt/Jahr |
|---|---|---|
| Unfälle mit Personenschaden | 36.990 | 2.642 |
| Verunglückte insgesamt | 43.986 | 3.142 |
| Getötet | 308 | 22 |
| Schwerverletzte | 9.685 | 692 |
| Leichtverletzte | 33.988 | 2.428 |

Quelle: www.adac.de (2011), modif.

Trotz Beschilderung und Schutzzäune gibt es jedes Jahr zahlreiche Unfälle durch Wild. (© Michael Wolf/ Wikipedia)

### *Auswirkungen auf den Tourismus*

Wolfsgebiete sind oft wirtschaftlich schwach entwickelte Regionen mit unzureichender Infrastruktur und hoher Arbeitslosigkeit. Der Wolf als charismatisches Tier begeistert viele Naturfreunde, die trotz geringer Aussicht auf eine Beobachtung Gegenden mit Wolfsvorkommen als Urlaubsziel wählen oder an Wochenenden besuchen werden. Hierfür ist die Lausitz ein geeignetes Beispiel für die Entwicklung eines naturfreundlichen und sanften Tourismus, der Arbeitsplätze im Beherbergungsgewerbe und in der Gastronomie schafft und weitere Entwicklungen des immer wichtiger werdenden Dienstleistungssektors vorantreibt.

## Schlussgedanken

Der Wolf polarisiert – nur wenige stehen ihm neutral gegenüber, und die auch in Deutschland neu aufgekommene Wolfseuphorie der letzten zwanzig Jahre schadet vielleicht! Warum nimmt man nicht den Wolf, so wie und was er ist, ein heimisches Tier unserer Wildbahn, das hervorragend angepasst und ökologisch perfekt eingenischt ist: Ein Tier, das Heimatrecht hat, keinen Schaden anrichtet und von dem für den Menschen keinerlei Gefahr ausgeht! Der Wolf ist und wird kein Problem unserer Landschaft, er ist eher ein Problem unserer Einstellung zu einem oft missverstandenen Raubtier. Wir müssen wieder lernen, mit dem Wolf umzugehen, eine nochmalige Ausrottung wäre die Bankrotterklärung des Artenschutzes.

Zum Schluss noch ein deutliches Statement: »Lieber Wolf, wir freuen uns, dass Du wieder da bist! Wir gehen zwar gerne auch selbst auf die Jagd, aber jedes Hirschkalb, jedes Reh und jeder Frischling ist Dir von Herzen gegönnt. Wir sehen in Dir keinen Konkurrenten, sehr wohl aber einen Helfer bei unseren Bemühungen zu einem gesunden, stabilen Mischwald. Also, gesegnete Mahlzeit. Aber hüte Dich vor den Jägern!«[18]

*Dr. Frank G. Wörner, Jahrgang 1946, studierte Fischereiwissenschaften und Zoologie in Kiel. Sein kynologisches Interesse an Primitiv- und Straßenhunden wurde während eines zehnjährigen Aufenthaltes im Indischen Ozean und im Lauf ausgedehnter Reisen in Afrika, Indonesien und Madagaskar geweckt. Er war mehrere Jahre wissenschaftlicher Leiter der »Eberhard Trumler-Station« in Wolfswinkel.*

18 Rotenhan, 2008

## Literaturhinweise

*Ammer*, Christian; *Vor*, Torsten; *Knocke*, Thomas und *Wagner*, Stefan: Der Wald-Wild-Konflikt; Ökojagd 3: 5-20 (2010)

*Anonymus*; Ökologischer Jagdverein: Absage an die Bekämpfung von Beutegreifern; Öko-Jagd 3: 24 (2005)

*Anonymus*; Minister Backhaus stellt Grundsätze zum Wolfsmanagement vor: Pressemittlg. Minist. Landwirtsch., Umwelt & Verbraucherschutz (09/12/2009) in: Ökojagd 1: 73-74 (2010)

*Anonymus*; Wolf und Jagdrecht – Meinungen und Stand; Rudelnachrichten GzSdW 3&4: 20-23 (2010)

*Anonymus*; Wölfe in Sachsen: Rudelnachrichten GzSdW 1 & 2: 10-12 (2011)

Bayerisches Landesamt für Umwelt: Rückkehr von Luchs, Wolf und Bär: Was tun als Nutztierhalter?; Ökojagd 1: 49-51 (2010)

*Bundesamt für Naturschutz* (BfN): Noch reichlich Platz für Wölfe in Deutschland; Ökojagd 1: 52 (2010)

*Buer*, Friedrich: Jagd und Naturschutz; in: Hilfe (für die) Beutegreifer!?; ÖJV Freising (1997)

*Grzimek*, Bernhard: 20 Tiere und 1 Mensch; München (1956)

*Hohm*, Christian: Der Wolf im Spannungsfeld der Jagd; Ökojagd 4: 10-12 (2006)

*Lieckfeld*, Claus-Peter & *Trippel*, Katja: Neue Wälder braucht das Land; GEO 5: 86-101 (2011)

*Martin*, Konrad: Ökologie der Biozönosen; Berlin & Heidelberg (2002)

*Mühlhausen*, Martin: Wie viel ist ein erlegtes Reh wert?; Ökojagd 3: 30-32 (2010)

*Rotenhan*, Sebastian Freiherr von: Vom »bösen Wolf«; Wolf Magazin 2: 4-6 (2008)

*Stubbe*, Michael: Buch der Hege, Band I: Haarwild; Berlin (1990)

*Wagner*, Carina; *Holzapfel*, Maika; *Kluth*, Gesa; *Reinhardt*, Ilka und *Ansorge*, Hermann: Wolf (Canis lupus) feeding habits during the first eight years of its occurrence in Germany; Mammalian Biology 77 (3) 196-203 (2012)

*Wörner*, Frank G.: Der Wolf – Jagdkonkurrent und Sicherheitsrisiko?; Ökojagd 2: 17-20 (2007)

*Wotschikowsky*, Ulrich: Wölfe, Jagd und Wald in der Oberlausitz; Oberammergau (2006)

## Buchtipp

**Der Weg der Wölfe (Wolf Magazin 2-2010)**

Elli H. Radinger (Hrsg.)

ISBN: 978-3-86671-079-5

Themen u. a.:

Der Wolf im Fadenkreuz

> Wolf und Jagdrecht
> Der Wolf im Jagdrecht – sinnvoll?
> Der Tat nicht hinreichend verdächtig
> Wann soll, darf, kann man Wölfe bejagen?

Das jüngste Fotofallenbild des einzelnen Wolfes aus der Kyritz-Ruppiner Heide stammt aus dem Sommer 2011. Der Wolfsbeauftragte brauchte fünf Jahre, um das scheue Tier persönlich zu Gesicht zu bekommen. (© Robert Franck)

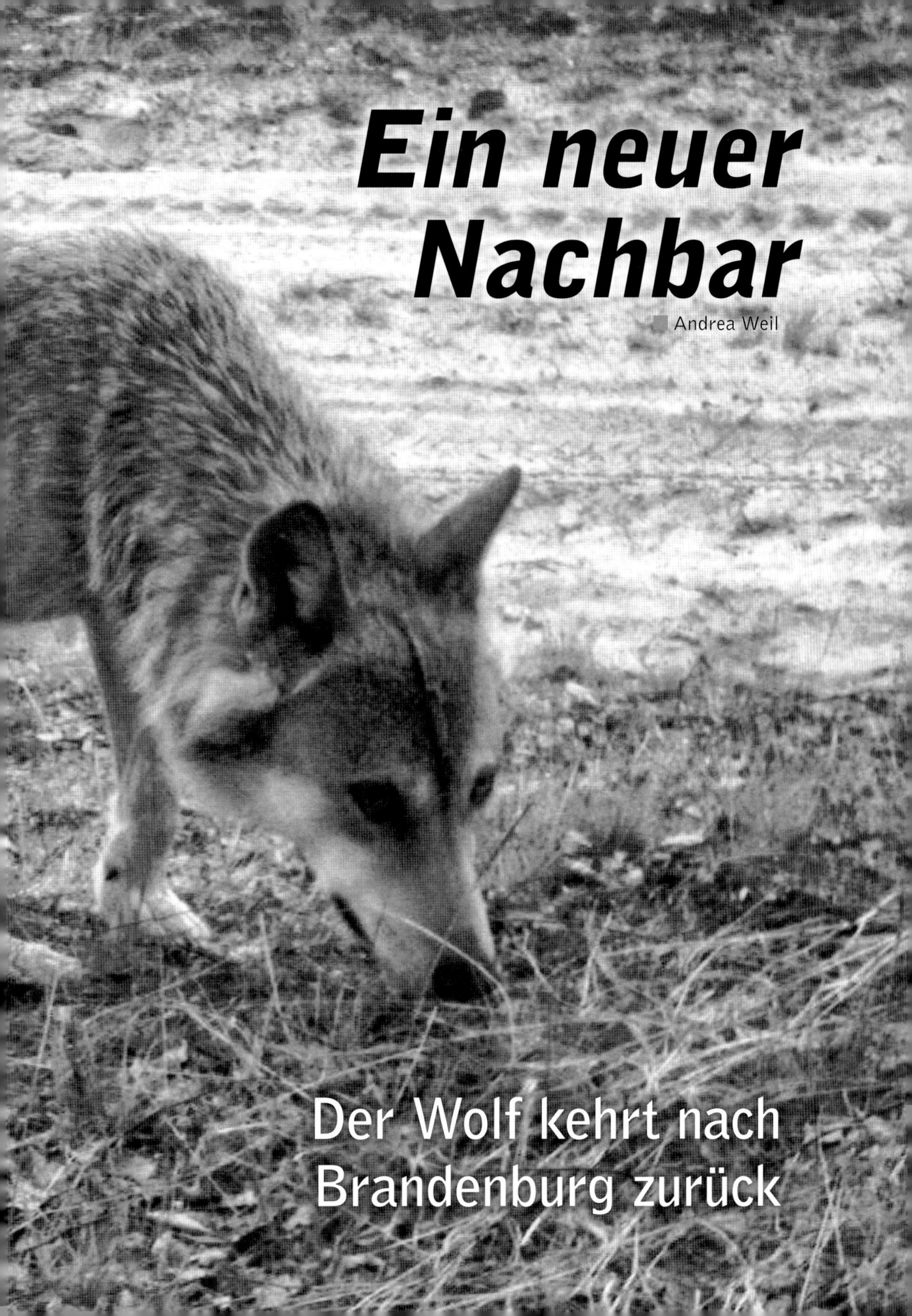

# Ein neuer Nachbar

Andrea Weil

## Der Wolf kehrt nach Brandenburg zurück

**»In Berlin kann man so viel erleben, in Brandenburg soll es wieder Wölfe geben«, sang der Kabarettist Rainald Grebe 2006 und meinte damit: Das Bundesland verkommt zu einer Wildnis, wo keiner mehr wohnen will. Sechs Jahre später leben noch immer Menschen in Brandenburg – und die müssen sich damit arrangieren, ihre Heimat tatsächlich mit rund 40 Wölfen zu teilen.**

## Der Erste

Karl-Heinz Kammel war der erste Mensch in über 100 Jahren, der Wolfswelpen auf Brandenburgischem Boden sah. Im Sommer 2009 war der damalige Revierförster von Spremberg (Landkreis Spree-Neiße) auf Jagd. Der Pulsberg liegt direkt neben dem Braunkohle-Tagebau Welzow-Süd; den ganzen Tag dringt das Dröhnen der schweren Maschinen herüber. Die Kiefern stehen in Reih und Glied, auf den geteerten Wegen sind oft Spaziergänger, Jogger, Skater und Fahrradfahrer unterwegs.

Vielleicht hatte einer von ihnen den Apfel liegen lassen, den sich die Welpen des bald neu getauften Welzower Rudels zum Spielen ausgesucht hatten. Kammel war völlig verzückt. Der damals 63-Jährige tauschte sofort Gewehr gegen Fotoapparat und schoss ein Beweisfoto. »Wenn Sie das sehen – wer könnte da etwas gegen Wölfe haben?«, schwärmt er noch heute. In den Augen des nun pensionierten Försters spielt der Wolf eine wichtige Rolle im Ökosystem. »Das Rudel frisst im Durchschnitt ein Reh pro Tag. Damit erreichen wir jetzt einen Bestand, der mir vorschwebt. Der Wolf hilft uns, dass die Rehe nicht alle jungen Bäume verbeißen«, sagt er.

## Die Erzieherin

Samstagnachmittag im Zoo Eberswalde (Landkreis Barnim). Ein Vater und seine zwei Töchter stehen am Wolfsgehege. Das etwa sechsjährige Mädchen betrachtet die beiden jungen Polarwölfe, die spielerisch nacheinander schnappen. »Papa, können die beißen?«, fragt sie. Der antwortet: »Klar, die können dich sogar fressen!« Da schlingt ihm das etwa zweijährige Mädchen die Arme um die Beine und erklärt mit einer Stimme am Rande der Tränen: »Hab Angst, will weg!« Ein Kind an jeder Hand geht der Mann weiter. Kurz vor der nächsten Ecke hat sich die Kleine gefasst. Sie dreht sich um und winkt den Wölfen zu: »Tschüss!« Hat sie sich von den Vorurteilen ihres Vaters doch nicht beeindrucken lassen?

Nahe Görlitz in Sachsen sind bereits im Jahr 2000 die ersten Wölfe in freier Wildbahn nachgewiesen worden. Trotz-

▶ Ein junger Polarwolf im Zoo Eberswalde wühlt in Entengrütze nach Keksen, die ihm unvernünftige Zoobesucher zugeworfen haben. (© Andrea Weil)

dem hat Yvonne Scheck mit dem Verein »StattHaus« 2005 einen Waldkindergarten in Görlitz eröffnet. »Wir sind ja nicht mitten im Wolfsgebiet«, sagt die Erzieherin. »Ich kann mir nicht vorstellen, dass wir dann dafür Rückhalt von den Eltern hätten.« Doch das Thema Wolf war von Anfang an Thema in den Kindergruppen, die fast den ganzen Tag draußen in der Natur verbringen. »Wir machen keine Angst – im Gegenteil«, sagt Scheck. »Wir wollen so sachlich wie möglich informieren.« Bei Ausflügen in den Wald legen sie »Wolfsspuren«, damit die Kinder den Pfotenabdruck mit dem eines Hundes vergleichen können, bei Regenwetter werden drinnen Wolfsbilder gemalt.

Doch auch wenn sie überzeugt ist, dass Wölfe grundsätzlich keine Menschen angreifen, kann sich Scheck Ausnahmen vorstellen. »Ich denke, sie würden ihre Kinder verteidigen«, sagt sie. Sie bringe den Kindern das richtige Verhalten bei, wenn sie einem Wildtier zu nahe kommen: Still verhalten und sich langsam zurückziehen. »Für mich ist ein Wolf nicht gefährlicher als ein Wildschwein, das seine Frischlinge beschützt.«

## Die Online-Zeitungsleser

Die große Mehrheit der Brandenburgischen Bevölkerung geht mit dem Thema Wolf offenbar recht gelassen um. Die überschaubare Anzahl derer, die sich öffentlich und lautstark zu Wort melden – ob pro oder kontra –, ist nicht typisch. Es gibt genug andere Probleme wie Arbeitslosigkeit und Bevölkerungsschwund. Wenn aber die überzeugten Wolfsgegner wie auch -anhänger die Möglichkeit haben, sich über das Internet anonym zu äußern, kommen manchmal die abstrusesten Stellungnahmen dabei heraus.

Eine der größten Tageszeitungen ist die Märkische Oderzeitung (MOZ) mit Hauptsitz in Frankfurt an der Oder. Ihr Verbreitungsgebiet umfasst einen guten Teil von Brandenburgs Osten bis an die Stadtgrenze von Berlin. Die Rückkehr des Wolfes ist seit Jahren Thema – vor allem im Zusammenhang mit Übergriffen der Tiere auf Schaf- oder Damwildherden. Fast jedes Mal entbrennt auf der Internetseite der MOZ ein Streit zwischen Lesern, die den Artikel online kommentieren. So auch im Frühjahr 2012, als zum ersten Mal anhand eines gefundenen Reh-Risses ein Wolf nahe Seelow (Landkreis Märkisch-Oderland) nachgewiesen wurde.

Anna L. malte sich aus, wie eine vom Wolf panisch gemachte Schafherde auf die Autobahn laufen könnte und meinte: »Nichts gegen Naturschutz im Allgemeinen und Wölfe im Besonderen. Aber geeignete Reviere, in denen sie sich relativ ungestört ausbreiten können, ohne der Zivilisation Probleme zu verursachen oder sogar zum Risiko zu werden, gibt es in unseren Breiten nur wenige.« JR Mathias sah das ganz anders: »Der Wolf, wenn es einer war, riss das Reh gerade mal 300 Meter hinter meinem Haus. Kein Grund zur Sorge. Ich habe ihn vor Kurzem heulen hören, er ist schon länger da. Ich lebe gerne mit ihm und freue mich, dass diese wilde Spezies sich meine Ecke ausgesucht hat, um Deutschland das wieder zu geben, was es vor 200 Jahren verloren hat – die Wildnis.« »Isenhagen« vertrat gleich in mehreren Foren die gleiche radikale Meinung: »Der Normalgrüne wird erst wach, wenn es die ersten menschlichen Opfer gibt. Hoffentlich sind das keine Kinder. Und den Schadenersatz für den Schäfer sollen die zahlen, die die Wölfe herbeirufen. Jedem Jäger, der heute so einen Wolf abschießt, gebührt Dankbarkeit.« »Pyr« empfahl den Jägern: »Schießen – Graben – Schweigen.«

Die am häufigsten genannten Argumente der Wolfsgegner sind, dass die Wölfe »angesiedelt« wurden, wo sie nicht hingehören und dass die dicht besiedelte Kulturlandschaft nicht für die Raubtiere geeignet ist. Dass Wölfe ganz von allein zurückwandern, ist in ihren Augen ein Märchen der Naturschützer, die keine Verantwortung für die Folgen ihrer Taten übernehmen wollen.

Zu den Entschädigungszahlungen, die Nutztierhalter bekommen, wenn ein Schaden durch Wölfe nachgewiesen werden kann, meinte »Wolfskind« auf moz.de: »Bin gespannt, wann das erste Kleinkind gerissen wird. Bekommen die Eltern dann auch Entschädigung?« Doch die Retourkutsche folgte auf dem

▲ Jäger sind nicht immer gut auf den Wolf zu sprechen (© Gunther Kopp)

Die Autorin freundet sich im Zoo Eberswalde mit Leitwolf »Odin« an – da schaute so mancher Besucher jenseits des Zauns sehr verblüfft. (© Andrea Weil)

Fuß von »Wolfsfreund«: »Du meinst, direkt von der Playstation weg-,gerissen', oder wie?« Ein kluger Gedanke, der die ganze Diskussion um die nicht leichtfertig beiseitezuschiebenden Ängste von Eltern entschärfen könnte: Wer schickt heute sein »Rotkäppchen« ernsthaft alleine in den Wald?

## Das Bündnis gegen den Wolf

Weil mittlerweile fast in ganz Brandenburg Wölfe gesichtet worden sind, überarbeitet das Land gerade seinen Managementplan für den Umgang mit den Tieren, der im kommenden Jahr vorgestellt werden soll. Die noch gültige Fassung stammt aus dem Jahr 1994 – vorausschauend erstellt, noch bevor das erste deutsche Rudel nachgewiesen worden war. Als die Landesregierung damit begann, 80 verschiedene Interessengruppen nach ihrem Standpunkt zum Wolf zu befragen, trat im Frühjahr 2011 plötzlich ein »Bündnis gegen den Wolf« auf den Plan. Angeblich existiert der Zusammenschluss, dem Tierhalter von Zechlinerhütte (Landkreis Ostprignitz-Ruppin) bis Neustrelitz in Mecklenburg-Vorpommern angehören, schon seit 2009. Aus Angst vor Übergriffen von Naturschützern habe er aber bislang geheim getagt, erklärte Sprecher Gerd Steinberg damals gegenüber dem »Ruppiner Anzeiger«.

Das Bündnis fordert, dass dem Wolf europaweit sein Schutzstatus aberkannt wird und er bejagt werden darf. Bei einem Treffen im März 2012 in Alt Daber (bei Wittstock/Dosse, Landkreis Ostprignitz-Ruppin) malten die Wolfsgegner ein Horrorszenario aus, wenn sich das Raubtier weiter ausbreitet: Kein Spaziergänger oder Pilzsammler könne sich mehr in den Wald trauen, der Wolf verjage Touristen. Den Jägern gingen Tonnen an Wildfleisch verloren, die ganze Jagdindustrie inklusive der Waffenhersteller gehe pleite, ebenso die Landwirte, die sich den teuren Herdenschutz nicht leisten können. Die Gefährlichkeit des Wolfes werde heruntergespielt, und die Jäger seien zu feige, etwas gegen die wolfsfreundliche Politik zu sagen. »Deutschland verträgt nicht einen einzigen wild lebenden Wolf«, sagte Gerd Steinberg in der Märkischen Allgemeinen Zeitung. »Nicht alles, was Gesetz ist, ist in Ordnung, das hat die Geschichte gezeigt.«

## Die Tierhalter

Es ist kein Zufall, dass das Bündnis im Landkreis Ostprignitz-Ruppin in Erscheinung getreten ist. 2007 wurde dort erstmals ein Wolf nachgewiesen. In der Region liegt die Kyritz-Ruppiner Heide. Diese wurde schon vor 60 Jahren für die Öffentlichkeit gesperrt und diente der Roten Armee als Übungsgelände. 22 Jahre nach Ende der DDR ist der Boden noch immer derart von Minen verseucht, dass nur wenige Menschen mit Ausnahmegenehmigung dort

▲ Wolfsbeauftragter Robert Franck untersucht die Bissstellen und bestätigt: – ja, es könnte ein Wolf gewesen sein. (© Markus Kluge)

Weil Menschen der Zutritt zum ehemaligen Übungsplatz der Roten Armee verboten ist, ist die Kyritz-Ruppiner Heide ein Naturparadies. (© Markus Kluge)

▼ Thomas Hering von der Bundeswehr zeigt die bösen Überraschungen, die unter einer dünnen Erdschicht lauern. Die Kyritz-Ruppiner Heide ist in großen Teilen noch völlig vermint. (© Markus Kluge)

▲ 2011 in Netzeband (Ostprignitz-Ruppin): Zum wiederholten Mal ist ein Wolf ins Damwildgehege eingedrungen. In weniger als einem Jahr hatte er vermutlich in drei Gehegen in der Region insgesamt 51 Tiere gerissen. (© Markus Kluge)

hinein dürfen. Räumen wäre zu teuer, und so hat sich die Heide zu einem Paradies für alle möglichen Wildtiere entwickelt. Seit 2010 streift von dort ausgehend ein einzelner Wolf – vermutlich stets derselbe – durch den Landkreis bis hinauf nach Mecklenburg-Vorpommern und bricht immer wieder in Schafweiden und Dammwildgehege ein.

Einer der Leidtragenden ist Frank Stier aus Katerbow (Ostprignitz-Ruppin). Der Landwirt züchtet Rinder, hatte sich aber 14 Schafe angeschafft. »Die sollten mir nur ein bisschen das Gras kurz halten«, sagt er. Deshalb habe er auch nicht viel Aufwand damit getrieben, die Weide zu sichern, gibt Stier zu. Das hatte der Wolf schnell raus. Im Laufe zweier Winter holte er sich nach und nach alle Schafe. Die ersten beiden Male ließ Stier noch den Wolfsbeauftragten kommen und den Schaden nachweisen, später machte er sich die Mühe nicht mehr. »Dieser Antrag auf Entschädigung ist so ein dickes Pamphlet, da könnte ich schneller ein Haus in Thailand bauen«, meint der Landwirt. Einzig ein automatisches Hoflicht ließ Stier zur Abschreckung installieren – vergeblich. »Das war zehn Meter hinter meinem Wohnhaus, das Licht war an. Aber den Wolf hat das gar nicht gestört.« Wolfsichere Zäune, Herdenschutzhunde, das ist Stier zu aufwendig. »In unserer heutigen Zivilisation hat der Wolf nichts zu suchen«, ist er überzeugt. Tatsächlich forderte jüngst der Landesbauernverband, im neuen Managementplan müsse eine unbürokratischere Lösung für den Ersatz wirtschaftlicher Schäden her.

Dass Leute, die wenig Aufwand mit dem Herdenschutz betreiben, Entschädigungen bekommen, während seine Vorsichtsmaßnahmen nur zu einem Drittel bezuschusst werden, ärgert Schäfermeister Knut Kucznik aus Altlandsberg (Landkreis Märkisch-Oderland) sehr. Er betreibt seinen Beruf noch ganz traditionell. Als einer der letzten Wanderschäfer Deutschlands ist er mit 450 Schafen unterwegs. Mit dabei hat er neben fünf Hüte- auch drei Herdenschutzhunde. »Das sind Soldaten, die würden für die Herde sterben«, sagt er über die Pyrenäen-Berghunde. Kucznik ist längst klar, dass ganz Brandenburg Wolfsgebiet ist. Angst um sich selbst hat er nicht, wenn er draußen allein in der Natur ist. »Ich habe Deo dran, der Wolf riecht mich auf zehn Kilometer.« Er sei kein Militant, sagt Kucznik, doch aus der Sicht des Schäfers seien die Raubtiere nun mal Schädlinge, »wie Ratten – man merkt sie erst ab einer gewissen Populationsdichte«. Und dann sei es schon zu spät, die Plage da. »Die gefährdete

▲ Der Besitzer des Wildgeheges nahe Rheinsberg hat dieses Schild angebracht, um bei Spaziergängern Verständnis für den Stromzaun zu wecken. Oft genug würde der von »zweibeinigen Wölfen« durchgeschnitten, sagt Wolfsbeauftragter Robert Franck. (© Andrea Weil)

Rasse sind wir Schäfer«, sagt Kucznik. »Wir brauchen wirklich Hilfe.« Wolfsfreunde sind in seinen Augen irgendwelche Städter, »die spenden, weil es so romantisch ist, wenn ein Wolf heult, aber nicht mal einen Baum vor ihrem Fenster gießen können«.

## Die Tierparkbetreiberin

Tatsächlich sind es hauptsächlich Berliner, die am Wochenende im Wildpark Schorfheide (Landkreis Barnim) anzutreffen sind. Doch die, die für ein paar Stunden die frische Luft in einem der größten zusammenhängenden Waldgebiete Deutschlands genießen wollen, sind nicht so naturfremd, wie Schäfer Kucznik es polemisch

ausdrückt. »Wandertiere machen vor Berlin keinen Halt«, sagt Dietmar Weber. »Wildschweine, Füchse, Kraniche – es ist erstaunlich, was man in der Stadt alles sieht.« Deshalb würde es ihn nicht wundern, früher oder später auch Wölfe zu treffen. Die sechsjährige Lilia Maria Menthey meint: »Ich habe keine Angst vor Wölfen, sondern vor Ziegen, die mich stoßen. Rotkäppchen ist Quatsch.« Susanne Matsché ist ein wenig enttäuscht, dass sich die Gehegewölfe an diesem Samstagnachmittag nicht haben blicken lassen. »Es wäre spannend gewesen, ich kann mir gut vorstellen, einem Wolf im Wald zu begegnen«, sagt die Berliner Goldschmiedin. »Ich halte mich weniger an die Märchen als an den Mythos des Wilden, Freien, Geheimnisvollen.«

1996 verkaufte der Vater der heutigen Geschäftsführerin des Wildparks, Imke Heyter, sein Haus, um die ersten Zäune für den Wildpark bezahlen zu können – ein lang gehegter Traum des Landwirts. 1998 bekam die Familie die ersten Wölfe, vermittelt vom deutschen Wolfspapst Erik Zimen. »Sofort ging in unserem Freundeskreis und sogar in der Familie die Diskussion los«, erinnert sich die 39-Jährige. »Mein Bruder ist Jäger und war nicht begeistert, dass ich mich für Wölfe einsetze.« Es sei manchmal schwer für sie, die Tiere im Gehege zu sehen, doch Imke Heyter ist überzeugt: Mit ihrem Park kann sie vielen Menschen zeigen, wie schön Wölfe sind und wie schützenswert. Nur weil Ängste nicht mehr allzu laut geäußert würden, hieße das nicht, dass sie nicht mehr da sind. »Wir müssen auf sie eingehen – sie beruhen nur auf Unwissenheit«, meint Heyter.

Die Idee, regelmäßig Wolfsnächte zu veranstalten, sei vor vier Jahren eher aus der finanziellen Not geboren. Jetzt sind die Veranstaltungen regelmäßig Wochen im Voraus ausgebucht und ein wichtiges Standbein für die Familie und den Wildpark. 29 Euro kosten Essen mit Vortrag, Fackelwanderung, Glühwein am Lagerfeuer – und die Möglichkeit, die neun Gehegewölfe bei Nacht zu erleben, wenn sie richtig munter werden. »Kommt, alle meine Wölfe, kommt, ihr reißenden Bestien!«, ruft Imke Heyter, wenn sie mit dem Fleischeimer in der Hand das Gehege betritt. Ein Mitarbeiter hat einen schwachen Scheinwerfer aufgebaut, damit die 45 Besucher beobachten können, wie sich die Wölfe scheu nähern, ihren Anteil schnappen und anfangen, ihn zwischen die Pfoten geklemmt zu verschlingen. »Sehen Sie, sie beißen mich nicht in den Hintern«, sagt Heyter und die Zuschauer lachen.

Was die Geschäftsführerin traurig stimmt, ist, dass es so viele Einzelgruppen gibt, die allein vor sich hin arbeiten, um den Wolf zu schützen. »Die Wolfsszene sollte Schulterschluss üben«, sagt

▲ Papas Geschenk: Die sechsjährige Kathi Höhn mag den Wolf so sehr, dass sie sich von ihm warmhalten lässt. (© Andrea Weil)

sie. Bald wird Heyter daran gehen, ihre Gehegezäune »wolfssicher« zu machen. Sie hat außerdem an einer Besprechung zum Wolfsmanagementplan in Potsdam teilgenommen. »Ich bin Schafhalterin und Wolfshalterin und ich habe einen Jagdschein«, betont sie. »Wir brauchen die Jäger. Sie sind die ersten, die die Wölfe draußen sehen.«

▲ Robert Franck ist Wolfsbeauftragter des Kreisjagdverbands Ostprignitz-Ruppin. (© Andrea Weil)

## Der Jäger

Robert Franck ist der Wolfsbeauftragte von Ostprignitz-Ruppin, der Heimat des einbruchsfreudigen Einzelgängers, und der Wolfsbeauftragte des Kreisjagdverbands. »In Sachsen ist das Monitoring lange Zeit sehr einseitig gelaufen«, sagt er. »Man hat nicht viel über den Wolf gesprochen und die Jäger hatten das Gefühl, dass sie nicht gefragt wurden. Da sind Türen zugefallen, die sich so leicht nicht wieder öffnen lassen.« Brandenburg stellt es in Francks Augen schlauer an. Von Anfang an seien die Jagdverbände mit ins Boot geholt worden. »Wir arbeiten mit, auch für uns, damit wir mitreden können«, sagt Franck. »Hier sammeln diejenigen die Daten, die vor Ort leben – nicht irgendjemand vom Umweltamt oder einem Naturschutzverband.« Weil es ihm erstens um die Fakten gehe, er zweitens aber auch den »Stallgeruch« des Jägers habe, könne er auf Veranstaltungen mit Wolfsskeptikern ganz anders diskutieren und überzeugen. »Wir müssen ehrlich sein, das ist das Wichtigste«, ist seine Einstellung. »Der Wolf ist kein Kuscheltier.«

Im Jahr der ersten Wolfssichtung im Landkreis, 2007, übernahm Franck den Posten. 2008 machte er eine Schulung in der Lausitz: Wie man mit Fotofallen umgeht, Spuren auswertet und an Rissen beurteilt, ob es wirklich ein Wolf war. Zum ersten Mal persönlich gesehen hat er den Wolf, der ihm so viel Arbeit macht, erst im Januar 2012. »Er lag zusammengerollt im Schnee, wie eine graue Kugel«, erinnert sich Franck. »Als er mich bemerkte, spitzte er die Ohren und stand langsam auf als wollte er sagen: ›Nicht mal in Ruhe schlafen kann man hier.‹« Dass es noch immer das gleiche Tier ist wie vor zwei Jahren, davon ist Franck überzeugt: Die Vorgehensweise bei den Gehegeeinbrüchen sei immer die gleiche. Das Tier wandere viel, vermutlich, um eine Gefährtin zu finden. Doch die von Autobahnen durchzogene Region nördlich von Berlin mache es ihm nicht leicht.

▲ Aus ganz Deutschland sind Wolfsfreunde für ein verlängertes Wochenende angereist, um mit Robert Franck auf Spurensuche zu gehen. (© Andrea Weil)

Mit seiner Firma »Adventure Tours« in Rheinsberg bietet Franck Touren an den Rand der Kyritz-Ruppiner Heide an, um Wolfsspuren zu suchen. Zu den Seminarwochenenden kommen Familien aus ganz Deutschland. »So kann ich Besuchern Brandenburg und sein landschaftliches Tafelsilber näher bringen.« Auch den Herdenschutz thematisiert Franck am Beispiel eines nahe gelegenen Wildgeheges. Dort werden Mufflonschafe und Damwild gehalten. Während das eine Gehege mit Stromzaun gesichert ist, hat das zweite nicht mal einen Untergrabschutz. »Wenn sich der Wolf heute nach da durchgräbt, gibt es keine Entschädigung – der Besitzer weiß, dass er in Wolfsgebiet ist«, sagt Franck. »Der Wolf braucht keine Wildnis, um zu überleben. Er kommt mit uns klar. Aber kommen wir auch mit den Konflikten klar?« Franck hofft es – und will seinen Teil dazu beitragen.

*Andrea Weil ist Diplom-Journalistin und Buchautorin. Mehr als ihr halbes Leben lang schreibt sie bereits für das Wolf Magazin. Vor zwei Jahren ist sie freiwillig nach Brandenburg gezogen und hofft immer noch vergeblich, einen Wolf in deutscher Wildbahn zu sehen.*

In der Nähe von Rouget, in einem einsam gelegenen Gehöft der Ortschaft Bessière, ereignete sich einer der spektakulärsten Angriffe am 13. März 1765: Eine Familie wurde in ihrem ummauerten Garten angegriffen. Das Tier sprang über die Mauer, stürzte direkt auf die Menschen zu, verletzte erst ein Mädchen und schleppte dann den jüngsten Sohn davon. Erst nach einem erbitterten Kampf, den die Mutter und ihr ältester Sohn mit Fäusten Lanzen und Steinen gegen das Tier führten, ließ es das Kind los und lief davon. (© Nina Blazon)

# Wer war die »Bestie von Gévaudan«?

Nina Blazon

**Die Bestie von Gévaudan hat viele Jahre das Bild des Menschen vom Wolf geprägt. Im 18. Jahrhundert wurden in Südfrankreich über 100 Menschen getötet – angeblich von einem (oder mehreren) Wölfen.**

**Die Autorin Nina Blazon hat zu den Vorfällen ausgiebig recherchiert und einen historischen Thriller darüber geschrieben: »Wolfszeit.« Lesen Sie hier über die Hintergründe der Geschichte, die Recherchen der Autorin und einen Buchauszug, den uns der Ravensburger-Verlag freundlicherweise zur Verfügung gestellt hat.**

▲ Französische Literatur über die Bestie – inklusive Wanderführer zu den Tatorten. In der Auvergne ist das Thema heute aktueller denn je. Moderne Bestienjäger sind der Auflösung dicht auf der Spur. (© Nina Blazon)

*In den Wäldern Südfrankreichs lauert »die Bestie« – ein Wolf, ein Dämon oder ein Menschenfresser? Niemand weiß es, aber die Grausamkeit, mit der die Bestie mordet, versetzt das Land in Angst und Schrecken. Thomas, ein junger Ermittler aus Paris, setzt alles daran, das Monster zur Strecke zu bringen – ohne zu ahnen, dass sie ihr neues Opfer längst gewählt hat.*

## »Si t'es pas sage, la Bete va venir te manger!«

»Wenn du nicht brav bist, kommt die Bestie und frisst dich!«

Viele Bewohner der Auvergne in Südfrankreich haben diesen Spruch in ihrer Kindheit gehört. Die geheimnisvolle »Bestie«, um die es hier geht, hat hierzulande durch den Film »Pakt der Wölfe« Bekanntheit erlangt, der sich zum Teil an den historischen Eckdaten orientiert, aber auch Fantasy-Elemente verarbeitet.

Dass der Geschichte ein ganz konkreter Kriminalfall aus dem 18. Jahrhundert zugrunde liegt, wissen dagegen nicht ganz so viele.

Tatsächlich ist die »Bestie vom Gévaudan« so etwas wie der französische Jack the Ripper: ein oder mehrere mysteriöse Mörder, der bis heute nicht überführt werden konnte. Wer oder was die Bestie wirklich war, ist ungeklärt (obwohl eine These sehr nahe liegt), und vielleicht spukt das Untier genau deshalb seit bald 250 Jahren durch das Gedächtnis der Franzosen. Auf meiner Rechercheriese zu den Tatorten hat es mich überrascht, wie präsent die Bestiengeschichte noch heute

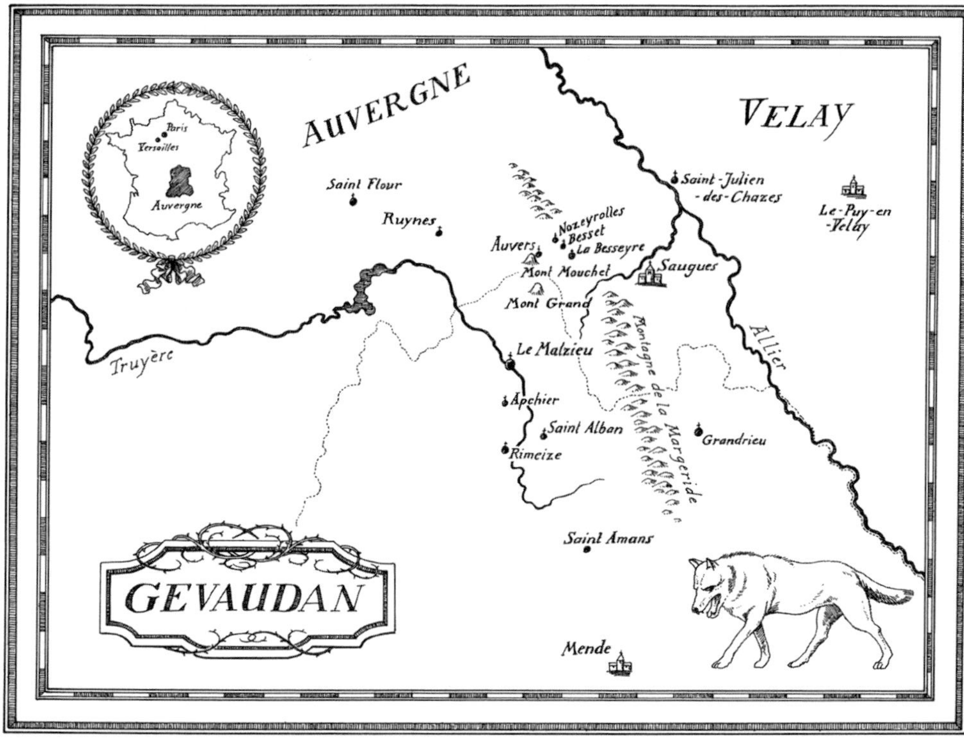


▲ Historische Karte von Gevaudan

in der Region Auvergne ist. Andererseits ist es kein Wunder, schließlich ist die Bestie bei vielen Menschen auch Teil der Familiengeschichte, unter den Vorfahren gab es schließlich so einige Opfer.

▼ Akteneintrag zum ersten Überfall »L'an 1764 et le 1 Juillet, a été enterrée, Jeane Boulet, sans sacremens, ayant été tuée par la bette féroce, présans Joseph Rieu et Jean Reboul.« (Am 1. Juli 1764 wurde Jeane Boulet ohne Sakramente beerdigt, nach dem sie von der wilden Bestie getötet worden war. Zeugen waren Joseph Rieu und Jean Reboul.) (Wikipedia)

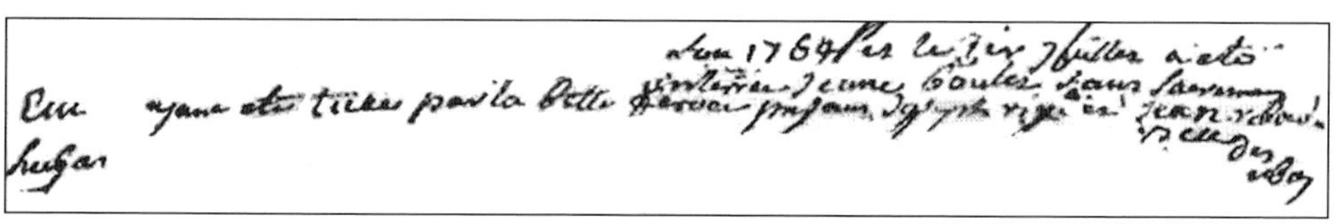

## Was damals geschah

Zwischen 1765 und 1767 findet in Südfrankreich (auf dem Gebiet der heutigen Auvergne und des Gévaudan, unter anderem rund um das Städtchen Saugues) eine Mordserie statt. Über 100 Todesopfer sind dokumentiert, überwiegend Kinder und Frauen, viele von ihnen werden enthauptet aufgefunden. Die Zeugen sprechen ausnahmslos von einem Tier, das einem Wolf ähnelt, aber keiner ist.

## Jäger und Gejagte

Bald schon mobilisiert sich der Adel von Vivarais und Gévaudan, um das Untier zur Strecke zu bringen, allen voran der junge Graf d'Apcher und auch die Grafenfamilie de Morangiès. Etienne Lafont, Syndicus der Diözese von Mende, verpflichtet Freiwillige und organisiert Jagden. Auch eine Dragonereinheit wird unter dem Befehl von Capitaine Duhamel auf die Bestie angesetzt. Tote werden an den Tatorten liegen gelassen in der Hoffnung, dass die Bestie zu ihren Opfern zurückkehrt. Fallen werden aufgestellt, vergiftete Köder ausgelegt. Ohne Erfolg. Es werden zwar viele Wölfe zur Strecke gebracht, aber das Morden geht weiter. Aus dieser Zeit stammt Capitaine Duhamels Beschreibung des Monsters (nach dem Hörensagen verfasst):

*»Dieses Tier hat die Größe eines Kalbes. Es hat Pfoten, die genauso kräftig sind wie die eines Bären, und deutlich abgesetzte Krallen, je einen Finger lang. Sein Maul ist außergewöhnlich groß, die Brust ist lang wie die eines Leoparden (...) Ich denke, Sie werden sich meiner Meinung anschließen, wenn ich Ihnen sage, dass dieses Tier ein Monster ist, dessen Vater ein Löwe ist. Fragt sich nur, was die Mutter ist.«*

Inzwischen ist die Mordserie auch in Versailles und Paris Thema. Zeitungen berichten über das Untier. König

▼ Das Wüten des Untiers sei die »Strafe für die Sünden der Menschen im Gévaudan«, so lautete die Erklärung des Bischofs von Mende. In der Kirche von Saugues wurden Messen gehalten und Waffen geweiht, um göttlichen Beistand für die Jagden zu erflehen. Doch keine Jagd war erfolgreich. (© Nina Blazon)

▲ In Versailles sorgte »die Affäre« für Gesprächsstoff und Spekulationen. Man fragte sich, ob ein Bär, eine Affe oder eine Hyäne für die Taten verantwortlich sein könnte. Die Adelsherren vor Ort – darunter der junge Graf d'Apcher und der Graf de Morangiès – organisierten zahlreiche Jagden. Bei einer der größten Treibjagden wurden innerhalb weniger Tage tausende von Wölfen getötet. Die Bestie aber mordete weiter. (© Nina Blazon)

Ludwig XV. schickt zwei Wolfsjäger aus der Normandie ins Gévaudan. Vater und Sohn d'Enneval. Aber auch mit ihnen spielt das Biest Verstecken.

Langsam entwickelt sich das Untier zu einem echten Monster – einer politischen Affäre. Der Fall geht durch die ausländische Presse. Im London Magazine erscheint eine Glosse: Ein Wolf hätte, so steht dort lesen, ohne mit der Wimper zu zucken eine französische Armee von hundertzwanzigtausend Mann und dann noch ein Artelleriecorps verschluckt. Das Ausland spottet über Frankreich.

Ludwig XV schickt weitere Jäger ins Gévaudan: Francois-Antoine de Beauterne, genannt Monsieur Antoine, und seinen Sohn. Begleitet werden sie

▲ Jäger wurden losgeschickt, die Bestie zu erlegen (Wikipedia)

von mehreren Prinzen von Geblüt, Hundeführern, guten Jagdhunden.

Monsieur Antoine ist davon überzeugt, dass es nur Wölfe sein können. Er führt mehrere große Jagden durch und erlegt schließlich einen großen Wolf, der ausgestopft und am Hof von Versailles als Bestie präsentiert wird. Die Morde hören scheinbar auf, zumindest ist einige Wochen Ruhe. Die Akte »Wolf vom Gévaudan« wird geschlossen.

Als das Morden plötzlich wieder weitergeht, liest man in Paris nichts davon in den Gazetten. Die Zensur greift. Die Leute im Gévaudan sind auf sich allein gestellt.

## Das Ende des Schreckens

Am 19. Juli 1767, nach Monaten, in denen die Bestie grausamer denn je wütete und die ganze Provinz in Angst und Schrecken versetzt, erlegt ein Gastwirt namens Jean Chastel ein Tier, das anhand der Zahnformel und der anatomischen Daten als Mischling zwischen Wolf und Hund eingestuft werden kann. Mit dem Tod dieses Tieres hörte die Mordserie auf. Soweit zu den Fakten, aber ob das Tier wirklich die Bestie war oder ob ein Tier in der Lage wäre, so viele Menschen zu töten und viele von ihnen –sehr untypisch –auch noch zu enthaupten, wird bis heute angezwei-

▲ Der von François Antoine am 21. September 1765 erlegte Wolf anlässlich der Präsentation bei Louis XV.

felt. Moderne Bestienjäger wie Jean Richard, der Journalist Jean-Claude Bourret, Eric Mazel und Bernard Soulier suchen in den Archiven von Puy, Mende und Montpellier, um herauszufinden, was sich damals tatsächlich abgespielt hat. Und vor allem: welches Tier (bzw. welche Tiere?) damals von den Augenzeugen beschrieben worden war.

▲ Zwei von vielen Interpretationen vom Aussehen der »Bestie« (Wikipedia)

## Hyäne, Affe, Löwe, Bär ...

Manche glauben bis heute, es könnte ein Löwe gewesen sein (diese Version wurde auch filmisch verarbeitet), ein Bär, eine Hyäne vielleicht, die aus einer Ménagerie entwischt sind. Oder vielleicht eine völlig unbekannte Tierart. Die Kryptozoologie-Fraktion vermutet, es könnte eine längst ausgestorbene Wolfsart im Spiel sein. Die Beschreibungen des Ungeheuers bieten jedenfalls eine bunte Menagerie voller Möglichkeiten. Augenzeugen sahen ein Tier mit rötlichem Fell und einem weißen Fleck auf der Brust. Riesige Pfoten mit fingerlangen Krallen, eine lange Rute, die in ständiger Bewegung war wie ein Katzenschwanz, mit weißem Fell an der Spitze. Erzählt wird auch oft von schwarzen Streifen, Flecken, spitzen Ohren. Einige berichten sogar davon, das Ungeheuer hätte Holzschuhe an den Hinterbeinen getragen, Feuer gespuckt oder sogar gesprochen. Kugeln prallten angeblich an der Bestie ab. Sie tauchte am selben Tag an verschiedenen, weit voneinander entfernten Orten auf wie herbeigezaubert und verschwand wieder wie vom Erdboden verschluckt. Jedenfalls muss es ein Tier mit unglaublicher Intelligenz gewesen sein, es mied jeden Giftköder und wusste meist, wo die nächste Jagd stattfinden würde und wo es unbeobachtet zuschlagen konnte. Es handelte so clever, dass manche auch eine ganz andere Theorie verfolgen:

◀ So sah es im 18. Jahrhundert in den Dörfern aus: Kleine Häuser mit Dächern aus grauem Granitstein, die im Winter den Schneemassen standhielten. Der Legende nach soll die Bestie bis direkt zu den Häusern gekommen sein und versucht haben, durch Fenster und Türen einzudringen. (© Nina Blazon)

## Könnten Menschen dahinterstecken?

Ja!, sagt der Forscher André Aubazac. Er ist der Meinung, dass es sogar nur Menschen gewesen sein können, Soldaten vielleicht, die aus dem Siebenjährigen Krieg entlassen waren und nun durch die Provinzen zogen: »Ich habe einen Schlachter befragt. Die geköpften Opfer können nicht einer Bestie zugeschrieben werden: Um einen Kopf abzuschneiden, braucht es Kraft, Intelligenz ... und ein Werkzeug.«

Marie-Hélène Soubiran tippt auf eine Kombination von Faktoren und Tätern: ein Tier, ein oder mehrere Mörder und vertuschte Kindsmorde. Oft findet man auch die Angabe, Antoine Chastel, der neunzehnjährige Sohn des Bestientöters, sei der Mörder gewesen. Er hätte im Siebenjährigen Krieg gekämpft, sei nach Afrika gereist und für die Menagerie, den Zoo eines Adeligen zuständig gewesen. Das ist allerdings die Erfindung eines Schriftstellers, die sich später als Tatsache auf diversen Plattformen und auch in manchen Fachbüchern tummelt. (Zu den Fiktionen gehört übrigens auch die Theorie, dass die Bestie auf das Konto einer Verschwörung konservativer Adeliger und/oder der Kirche geht. Dafür gibt es keine Belege – zumindest bisher).

*» D'Apcher blieb abrupt stehen und beugte sich über eine Wölfin. Mit der Stiefelspitze hob er das Vorderbein einer Wölfin an. Thomas sah, dass die linke Pfote fehlte. »Wissen Sie, was das bedeutet, Thomas? Liebeszauber! Einer der Knechte hat die Pfote vorhin abgeschnitten, als niemand hingesehen hat. Eine Salbe aus dem Knochenmark des linken Beins lässt eine Frau in Liebe entbrennen. Gegen Fieber essen die Bauern das rechte Auge eines Wolfes, gut gesalzen. Und wenn Kinder Zahnschmerzen haben, bekommen sie eine Rassel, in der ein Reißzahn eingeschlossen ist.« (Auszug aus dem Buch zum Thema Wolfsaberglauben. Alle Infos sind authentisch und in der Ausstellung des Wolfsparks von Gévaudan dokumentiert.)*

## Ein französischer Jack the Ripper?

Wenn Menschen im Spiel waren – wer könnte es gewesen sein? Soldaten? Ein oder mehrere Adelige? Engländer, die das französische Königshaus lächerlich machen wollten? Oder vielleicht ein Serienmörder, der damals aus dem Nichts auftauchte (einwanderte?) und ebenso schnell wieder verschwand, indem er in ein anderes Land weiterzog, als die Sache zu brenzlig wurde?

Die gezielte Opferauswahl (Kinder, Frauen) und auch die Tatsache, dass viele der Opfer enthauptet wurden, sprechen dafür. Forscher wie Dr. Utz Anhalt sehen darin ganz klar die Handschrift eines Serienmörders – also doch eine Art Jack the Ripper?

Um diese These näher zu beleuchten, habe ich mich für den Roman mit dem Kriminalisten und bekanntesten Serienmörder-Spezialisten Deutschlands zusammengesetzt: Stephan Harbort. Aus seiner Feder stammen Werke wie »Begegnung mit dem Serienmörder« (ausführliche Infos auf www.der-serienmoerder.de). Mit dem sachlichen Blick des Profilers hat er die Berichte von damals im Spiegel der Theorien von

> *»Dieses Tier hat die Größe eines Kalbes. Es hat Pfoten, die genauso kräftig sind wie die eines Bären, und deutlich abgesetzte Krallen, je einen Finger lang. Sein Maul ist außergewöhnlich groß, die Brust ist lang wie die eines Leoparden. Ich denke, Sie werden sich meiner Meinung anschließen, wenn ich Ihnen sage, dass dieses Tier ein Monster ist, dessen Vater ein Löwe ist. Fragt sich nur, was die Mutter ist.«* (Capitaine Duhamel, Wolfsjäger)

▼ »Au coeur de la Bete« – das Städtchen Saugues in der Auvergne ist das bekannteste Zentrum der Bestiengeschichte. Hier der Friedhof mit Blick auf das Margeride-Gebirge.

▲ Die Bestie lebt bis heute im Bewusstsein der Bewohner fort – kein Wunder, die historischen Mordfälle sind bei vielen Familien Teil der Familiengeschichte. Spuren der Bestie finden sich in Saugues überall – viele Häuser und Gärten sind mit Reliefs und Skulpturen des Untiers geschmückt. Und eine große Wolfsspur führt durch die Straßen. ▼

heute kriminalistisch analysiert und (soweit es bei den wenigen verbürgten Fakten möglich war) interpretiert.

## Oder doch »nur« Wölfe?

Andererseits ist da immer noch die Tatsache, dass alle Augenzeugen ausnahmslos von einem Tier sprechen. Also doch Wölfe? Die Wolfspopulation war in damaliger Zeit sehr dicht. Forscher wie der Historiker Jean-Marc Moriceau sind der Meinung, dass es sich tatsächlich um Angriffe mehrerer Wölfe gehandelt hat. Denn so selten Wolfsangriffe auf Menschen auch sind – es gab und gibt sie, allerdings nur, wenn bestimmte Umstände gegeben sind. Denn Menschen gehören überhaupt nicht in das Beuteschema von Wölfen, und das blutrünstige Wolfsrudel, das nachts auf verschneiter Strecke im Wald eine Kutsche überfällt, gehört in das Reich der Gruselmärchen.

Auch für das Abklopfen der Wolf-These stand mir eine Spezialistin zu Seite: Elli Radinger (www.elli-radinger.de). Sie arbeitet seit mehr als zwanzig Jahren mit Wölfen, beobachtet ihr Sozial- und Jagdverhalten unter anderem im Yellowstone-Nationalpark und hat diverse Fachbücher zum Thema Wolf verfasst. In einem davon, »Wolfsangriffe«, beschäftigt sie sich eingehend mit der Frage, ob und wann Wölfe und Menschen überhaupt miteinander ins Gehege kommen können. Und sie hat sich darin auch ganz explizit mit der

> *» Eine wilde Bestie, unbekannt in unseren Breiten, tauchte hier auf, und niemand weiß, woher sie gekommen ist. Wo immer sie sich zeigt, hinterlässt sie eine blutige Spur ihrer Grausamkeit.« (Gabriel Florent de Choiseul Beaupré, Bischof von Mende Aus dem Hirtenbrief, Dezember 1764)*

Bestie auseinandergesetzt. Ihr Wissen und auch der Linnell-Report (eine Studie über Wolfsangriffe) haben mir sehr weitergeholfen. Ein paar Aha-Erlebniss hatte ich auch beim Besuch des Wolfsparks im Gévaudan. Dort gibt es eine Ausstellung zur Bestie, aber auch zahlreiche Infos zur Dichte der Wolfspopulation im 18. Jahrhundert (die Homepage des Parks: www.loupsdugevaudan.com). Und auch die im Roman beschrieben Rituale des »Wolfszaubers« wurden in früheren Zeiten tatsächlich praktiziert, wie im Wolfspark zu lesen steht.

## Ein Roman, eine Theorie?

Nicht ganz, denn es war mir sehr wichtig, vielen Überlegungen und Mutmaßungen ihren Raum zu geben. Mein junger Ermittler tastet sich ähnlich vor wie die Forscher, die sich seit Jahrzehnten mit dem Fall beschäftigen: Thomas Auvray spielt im Roman jede Möglichkeit durch, folgt jeder einzelnen Fährte und jeder Theorie und klopft sie auf Wahrscheinlichkeiten ab. So entstehen für den Leser ein »Panorama der Theorien« und auch ein kleines Panoptikum der Forschungsergebnisse von damals bis heute. Im Roman ging es mir nicht darum, den Fall von A bis Z zu rekonstruieren, sondern im Rahmen einer Ermittlergeschichte einige der Theorien näher zu beleuchten, die mir selbst am wahrscheinlichsten erschienen.

## Thomas, der Ermittler mit dem Zeichenstift

Thomas Auvray ist keine historisch verbürgte Figur, aber jemanden wie ihn hätte es tatsächlich geben können: Der Naturforscher Jean-Louis Leclerc de Buffon hatte seine Assistenten und Zeichner für seine »Histoire Naturelle« – einen Monsieur Guillard zum Beispiel, und sogar eine Mademoiselle Coignet. So lag es nahe, aus solchen Vorlagen einen Assistenten wie Thomas Auvray zu schaffen. Für sein Ermittlungs- und Beobachtungstalent gibt es auch ein reales Vorbild: Profiler wie Stephan Harbort. Da Thomas im 18. Jahrhundert jedoch nicht die Möglichkeit hatte, auf Fotografien und moderne Ermittlungstechniken zurückzugreifen, musste ich ihm einen passenden Beruf geben, damit er Phantombilder und vor allem »Tatortfotos« zeichnen konnte. Es bot sich also an, ihn nicht nur zu de Buffons Assistent zu machen, ihm die Neugier an naturwissenschaftlichen Beobachtungen und das Interesse an aufklärerischen Ideen zu geben, sondern ihn auch zum Stipendiaten der königlichen Zeichenakademie zu machen (die es wirklich gab). So war es möglich, einige moderne Ermittlungsmethoden ins 18. Jahrhundert zu »übersetzen« – eine solide Basis für die Überführung der Bestie. Und wer oder was in »Wolfszeit« schließlich die Bestie ist, erfährt man dann im Roman.

▲ Georges-Louis Leclerc de Buffon (1727–1775) (Wikipedia)

*» Derjenige, der einen ausgewachsenen Wolf tötet, erhält als Bezahlung sechs Livre und für einen Welpen die Hälfte dieser Summe.« (Order von König Louis XV Versailles, Mai 1765)*

▲ Die Autorin Nina Blazon mit Elli Radinger beim Interview zu Wolfsangriffen (Dreh des Trailers in Hamburg). (© E.H. Radinger)

# Wolfszeit

**Aus dem Kapitel »Rote Narzissen«**

Das Klappern einer Tür ließ sie herumfahren. Ihr Vater sah immer zuerst nach dem Vieh, bevor er in die Stube ging. Aber die Hoffnung, dass er mit Adrien zurückgekehrt war, um das Heiratsversprechen mit Schnaps zu besiegeln, wurde enttäuscht. Und noch bevor sich ihre Augen an das Halbdunkel gewöhnt hatten, wusste sie, dass etwas nicht stimmte.

Kalter Januarwind pfiff durch den Türspalt, der wie ein scharfer Schnitt im Dunkel des Stalls wirkte, gleißend weiß. Und die trächtige Kuh war fort! Mit einem Schlag war Anne so ernüchtert, als hätte jemand einen Eimer mit kaltem Wasser über ihr ausgeleert. Sie packte die Lanze fester und stürzte durch die Stalltür in den Hof.

Es war ein klirrend kalter Januar. Auf ihrem Gesicht glühte noch die Wärme des Feuers und ließ den Wind doppelt so eisig erscheinen. Schnee fiel in großen, trockenen Flocken vom Himmel und überdeckte bereits wieder alle Spuren. Das verrückte Tier hatte das Hoftor aufgedrückt. Das hatte gerade noch gefehlt! Anne lief zum Tor und kniff die Augen zusammen. Als sie vorhin hier gewesen war, um nach den Männern Ausschau zu halten, konnte man noch den Weg erkennen, der bergab zum Dorf führte. Nun waren die Häuser nicht mehr zu sehen, nur den Glockenturm der Kirche konnte sie talabwärts im Nebel erahnen. Die hohen Berge, die man an klaren Tagen in der Ferne sehen konnte, waren ganz verschwunden. Anne zögerte nur einen Augenblick, bevor sie das Tor aufstieß. Ihr Herz schlug bis zum Hals, als sie den Hof verließ und die Grenze zwischen Sicherheit und Wildnis überschritt. Aber dann hob sie entschlossen das Kinn. Sie wäre nicht Anne Tanavelle gewesen, wenn sie die Kuh draußen in der Kälte gelassen hätte!

Wind heulte mit klagenden Stimmen in den Baumkronen; schon nach wenigen Schritten umgab sie milchiges Weiß. Schneefinger schienen nach ihr zu greifen. Fröstelnd hastete sie bergauf und versuchte dabei ihre Holzschuhe nicht zu verlieren. Sie nahm die Bewegung erst wahr, als sie innehielt und ihr eigener Eisatem vor ihren Augen verwehte. Erschrocken hielt sie inne, beide Hände um die Lanze gekrampft.

Dann sah sie es – hellbraunes Fell, zwei Hörner mit schwarzen Spitzen. Vor lauter Erleichterung zitterten ihr die Knie. Die Kuh war noch nicht weit gekommen, sondern trottete gerade auf einige der zerfransten Buchen auf der Anhöhe zu. »Na warte«, murmelte Anne und rannte wieder los. Schnee rutschte ihr in die Schuhe, Kälte biss in ihre Finger. Zu dumm, dass sie ihre Fäustlinge zu Hause gelassen hatte! Atemlos erreichte sie die Anhöhe und stieß einen leisen Pfiff aus. Das kleine Aubrac-Rind blieb auf der Stelle stehen und äugte träge zu seiner Herrin hinüber. Der Strick baumelte ihm um den Hals, ein wolliges Ohr zuckte. Das weiße Fell, das Augen und Maul umrandete, und die schwarze Nase ließen das Tiergesicht wie eine Gauklermaske erscheinen. Anne raffte den Rock und stapfte weiter, die Lanze benutzte sie als Stock. Unter der Schneedecke traf das Holz mit einem trockenen Klacken felsigen Untergrund. Mit klappernden Zähnen erreichte sie das Tier und griff nach dem Strick. Doch sie hatte die Rechnung ohne ihre verrückte Kuh gemacht. Die warf sich mit einem Satz herum und trabte schwerfällig ein Stück davon. Anne musste sich beherrschen, um nicht loszubrüllen. »Jolie!«, rief sie der Kuh leise hinterher. »Komm her, Jolie – meine Hübsche!«, lockte sie das Rind. Und tatsächlich blieb das Tier wieder stehen und wandte den Kopf. Anne war mit wenigen Schritten bei ihr, erwischte den Strick und versetzte ihr mit der Lanze einen kleinen Schlag auf die Kruppe. »Dummes Tier!«, schimpfte sie. »Was suchst du hier draußen? Wenn die Wölfe dich und dein Kalb fressen, haben wir keine Wintermilch.«

Plötzlich wurde ihr bewusst, dass sie sich ein ganzes Stück vom von Haus entfernt hatte. Der Wind rauschte lauter als zuvor in den Baumkronen, Schnee knisterte, als ein jäher Windstoß über die Kuppe wehte. Ein Geräusch ließ sie erschrocken herumfahren. Es war nur ein Rabe, der davonflatterte, aber Anne ertappte sich dabei, wie sie sich an die Kuh drängte, ihre Hand in das wollige Fell gekrampft.

Ich wette, dieses Ungeheuer, vor dem sich alle fürchten, ist nur ein gewöhnlicher Wolf. Das hatte Adrien gesagt. Der Gedanke an ihn war wie ein sicherer Ort.

»Sei kein Feigling, Jolie!«, raunte sie der Kuh zu. »Los, zurück in den Stall!«

Es war beruhigend zu sehen, wie der kleine Hof mit jedem Schritt bergab näher kam. Die Granitschindeln, die das Dach bedeckten, hielten ohne Weiteres der dicken Schneedecke stand. Durch die Ritzen zwischen den Fensterläden schimmerte das Gelb des Feuerscheins. Mémé hatte sicher in ihrer Arbeit innegehalten und lauschte besorgt auf die Schritte ihrer Enkelin.

»Ich komme schon«, flüsterte Anne und zog ungeduldig am Strick.

Ein grober Schlag gegen die Schulter nahm ihr den Atem und ließ sie straucheln. Erst dachte sie, die Kuh sei gestolpert und hätte sie dabei gestoßen, aber im selben Moment wurde der Strick mit einem schmerzhaften Ruck durch ihre geschlossene Faust gerissen. Sie verlor das Gleichgewicht, hart schlug ihr Knie gegen den Fels, aus dem Augenwinkel sah sie die Kuh davonstürmen. Doch neben ihr waren immer noch Atem, Fell und Wärme, eine Gegenwart. Mit einem Keuchen wälzte sie sich herum. Ihr Schuh blieb im Schnee stecken. Ein Schemen huschte am Rand ihres Gesichtsfeldes davon. Irgend etwas umkreiste sie. Doch erst als sie das Knurren hörte, begriff sie. Ohne nachzudenken riss sie die Lanze hoch. Holz traf mit einem dumpfen Laut, glitt ab und splitterte zwischen Zähnen. Der Geruch nach wildem Tier stach ihr in die Nase. Fangzähne blitzten auf, viel zu nahe an ihrem Hals – und schnappten genau in dem Augenblick zu, als sie den Arm hochriss und sich zur Seite warf. Die Fänge gruben sich mit in ihren Arm. Ein greller Schmerz durchzuckte sie. Mit aller Kraft schlug sie mit der Faust und traf. Der Biss lockerte sich, das Untier ließ los und wich zurück. Und während sie sich verzweifelt wand und auf die Knie hochrappelte, erkannte sie mit absoluter Sicherheit, dass es kein Wolf war, kein Wolf sein konnte.

Die wilde Bestie, hörte sie Mémé flüstern. Sie jagt die Sünder und sie wird sie alle finden und zerreißen …

Es war seltsam, dass sie in diesem kleinen Moment des Begreifens kein Entsetzen verspürte, nicht einmal Angst, sie wusste nur mit absoluter Klarheit, dass sie nicht sterben durfte – nicht heute, nicht hier, nicht ohne das Spitzenband aus Narzissen und Adriens

Kuss am Hochzeitstag. Der Schrei, der jetzt aus ihrer Kehle brach, war rau und dunkel und gab ihr die Kraft, das Holz hochzureißen und nach dem Ungeheuer zu stoßen. Das Messer an der Spitze traf auf Widerstand. Mit aller Kraft stieß sie noch einmal zu, kam tatsächlich auf die Beine – und sah voller Entsetzen, wie das Messer sich löste und in den Schnee fiel. Die Bänder, die das Messer am Stock fixiert hatten, waren aufgegangen.

Ihr zweiter Schuh rutschte ihr vom Fuß. Geistesgegenwärtig packte sie ihn, schleuderte ihn gegen den breiten Schädel der Bestie und drehte sich um. Barfuß rannte sie weiter, den Stock fest in der Hand. Eiswind wehte ihr in die Augen und nahm ihr die Sicht. Flocken schmolzen auf ihrer Stirn. Sie spürte Kälte an ihrer Schulter und etwas Nasses, erst warm, dann kühl im Wind. Sie war verletzt, schlimm sogar, aber sie spürte keinen Schmerz, nur eine Schwere, die an ihren Beinen zerrte, als würde sie durch zähen Moorgrund stapfen. Ich muss es bis zum Stall schaffen!

Schnee stob auf, als das Ungeheuer sie wieder zu Fall brachte, der Stock glitt aus ihrer Hand. Aber sie kämpfte und schrie mit aller Kraft, trat mit bloßen Füßen, schlug, kratzte und biss. Einmal schmeckte sie drahtiges Fell zwischen den Zähnen, einmal streiften Reißzähne über ihren Handrücken und glitten wieder ab. Sie riss die Arme hoch, um der Bestie die Augen auszukratzen und erstarrte, als sie ihre Hände sah. Es sah aus, als trüge sie rote Handschuhe von Blut. Obwohl kein einziger Sonnenstrahl den Nebel durchdringen konnte, fiel von irgendwoher ein Schatten auf sie, der Schnee wurde dunkel. Ihr kurzes Zögern kostete sie einen wertvollen Augenblick. Krallen kratzten über ihr Schlüsselbein, das Gewicht des Raubtiers drückte ihr die Luft aus den Lungen. In diesem Augenblick wusste sie, dass sie verloren hatte. Der Teufel, hörte sie Mémés Stimme flüstern. Fuchsrote Augen starrten sie an und das Knurren klang wie ein Wort: Sünde. Sie presste die Lider zusammen, um nicht in diese Augen blicken zu müssen. Aber auch hinter ihren geschlossenen Lidern schienen sie zu glühen wie zwei untergehende Sonnen. Heilige Muttergottes, rette mich!, flehte sie in Gedanken. Ich wollte nicht, ich wollte nie …

Sie wollte schreien, als etwas hart gegen ihre Kehle schlug und ihr die Stimme und den Atem nahm. Ihr Kopf fiel zur Seite. Es wurde warm an ihrem Kinn, ihrem Hals. Sie tastete mit der Hand danach und fand eine Wunde, doch seltsamerweise fühlte sie keinen Schmerz. Benommen blinzelte sie. Vom Kampf zerwühlter Schnee türmte sich neben ihr auf. Sie bildete sich ein, Narzissen wie aus Spitze und Eiskristall zu sehen; gleichzeitig zog eine Zukunft an ihr vorbei, die niemals sein würde: Adrien und sie an einem Frühlingsmorgen, wie sie in Sonntagskleidung die Dorfkirche betraten. Ihr erstes Kind, das sie in den Armen hielt, an einem Schneetag wie heute. Mémé, die ihren Urenkel in der Wiege segnete. Sie sah das zweite Kind und das dritte. Sie sah Weihnachtsfeste und Sommerernten, Tänze am Johannesfeuer und Mondstunden mit Adrien hinter den zugezogenen Bettvorhängen. Tag um Tag rann unwiderruflich in den Schnee und versickerte für immer. Neue Narzissen erblühten an dieser Stelle wie Grabblumen für die geraubten Jahre. Sie waren schön und unberührt – und so rot wie die Augen des Todes.

(Buchauszug aus *Wolfszeit,* mit freundlicher Genehmigung des Verlag Ravensburger)

***Wolfszeit***
Nina Blazon
Verlag Ravensburger, 2012
576 Seiten
ISBN: 978-3473400706

Webseite zum Roman mit Trailer und einem sehr interessanten »Making of«: www.ninablazon.de

*Nina Blazon, Jahrgang 1969, Studium der Slavistik und Germanistik. Nach einigen beruflichen Abstechern (Lehrbeauftragte an verschiedenen Universitäten und Texterin in einer Werbeagentur) arbeitet sie heute als Journalistin und seit 2003 als Jugendbuchautorin. Genres: Fantasy, Krimi und Historischer Roman.*

# Kritische Notizen

▲ Illustration von J. Lockwood Kipling (Vater von Rudyard Kippling) (Wikipedia)

# zum Mythos der »Wolfskinder von Midnapore«

Dr. Frank G. Wörner

**»Wie winzig! Wie nackt und – wie tapfer!«, sagte Mutter Wolf sanft. Der Kleine drängte die Wolfsjungen beiseite, um dicht an das warme Fell der Mutter zu gelangen. »Ahai, er sucht seine Nahrung ganz wie die anderen. Das also ist ein Menschenjunges! Sag, hat sich je eine Wölfin rühmen können, ein Menschenjunges unter ihren Kindern zu haben?« »Hier und dort hörte ich davon, doch niemals in unserem Rudel oder zu meiner Zeit«, antwortete Vater Wolf. (Rudyard Kipling, 1895)**

## Wolfskinder in Sagen und Literatur

Mit zu den schönsten und eindruckvollsten Tiergeschichten, die je geschrieben worden sind, gehört Kiplings (1865-1936) »Dschungelbuch«. Unvergesslich die Gestalt des kleinen Inders Mowgli, der von seinen Eltern im Dschungel allein zurückgelassen von einem Wolfsrudel aufgezogen wird. Mowgli hat eine Reihe von literarischen Vorgängern, die zurück bis in die Antike reicht. Gerüchte und Geschichten von »Wolfskindern« gehören schon seit vielen Jahrhunderten zu den immer wieder erzählten Geschichten und Sagen. Am bekanntesten sind die ausgesetzten Zwillinge Romulus und Remus, deren Geschrei eine Wölfin (Mama Lupa) angelockt haben soll und die die beiden der Sage nach säugte und großzog. Nun ist im Italienischen der Begriff »Lupa« ein Synonym für aufopfernde Mutterliebe, aber ebenfalls seit uralten Zeiten die Bezeichnung für eine Prostituierte. War es vielleicht eher eine mitleidvolle Hure, die sich der Zwillinge annahm? Schon bei diesem uralten Bericht aus der vorrömischen Antike entstehen Zweifel an der Wahrheit der

▲ Die »Kapitolinische Wölfin« (Lupa Capitolina) ist eine lebensgroße Bronzefigur, die die von ihrer Mutter ausgesetzten Zwillinge Romulus und Remus säugt. Nach neueren Forschungsergebnissen stammt die Figurengruppe nicht aus der Antike, sondern die Wölfin aus dem Hochmittelalter, die beiden Knaben wurden in der Renaissance (zwischen 1471 und 1510) hinzugefügt. (Wikimedia Commons)

Überlieferung, woran sich bei vergleichbaren Berichten bis heute nichts geändert hat!

Andere Kulturkreise kennen ebenfalls das Motiv, dass Kinder in der Sage von einer Wölfin aufgezogen wurden. In der Türkei erzählt man sich die Geschichte von dem kleinen Tarkan, der von einer Wölfin gesäugt und großgezogen wurde und später der Stammvater der Türken wurde. Zarathustra, der Begründer der persischen Religion, soll ebenfalls von einer Wölfin gesäugt worden sein; auch der Klan von Dschingis Khan stammte der Sage nach von Wölfen ab.

In den vergangenen 700 Jahren wurde von rund 50 Fällen von »wilden Kindern« berichtet, fast alle Berichte erwiesen sich nach genaueren Erkundigungen als Fälschungen. Mit Beginn des Zeitalters der Aufklärung im 18.

Jahrhundert mehren sich die Versuche der Wissenschaft, die »Wildform« des Menschen zu erkennen und auf die uralte Frage nach angeborenen Verhalten und der Bedeutung von Umwelteinflüssen auf die menschliche Entwicklung zu beantworten.

Auch in unserer bunten Medienlandschaft tauchen immer wieder – neben der schottischen »Nessie« und dem Yeti – bedauernswerte Menschen auf, die von wilden Tieren aufgezogen sein sollen. Verbrämt mit einem pseudowissenschaftlichen Mäntelchen werden Fabeln dieser Art als »Kryptozoologie« verkauft und ziehen Millionen von Lesern in ihren Bann. Was ist dran an diesen Gerüchten? Können Kleinkinder unter bestimmten Bedingungen ohne menschliche Fürsorge in der Wildnis überleben, aufgezogen von beispielsweise einem Wolfsrudel? Regelmäßig erscheinen in den Zeitungen putzige Fotos, auf denen beispielsweise eine riesige Dogge eine kleine Katze adoptiert hat und säugt, oder die das Tigerbaby aufziehende Hündin. Zumindest bei den Säugetieren gibt es Mechanismen, die in freier Wildbahn das Aufziehen von Jungtieren einer fremden Art durch eine Amme verhindern. In allen der zahlreich bekannt gewordenen Fälle geschieht eine Aufzucht von Jungtieren einer fremden Art ausschließlich bei Tieren, die in der Obhut des Menschen leben. Der Schweizer Zoologe Hediger[19] bemerkt in diesem Zusammenhang, dass es in der Biologie Mode geworden sei, den Menschen lediglich als ein Tier zu betrachten und weist deutlich darauf hin, dass »es zwischen Mensch und Tier eben doch ganz klare und nicht zu leugnende Unterschiede gibt. Und zu diesen gehört, dass noch nie ein Tier einen Menschen adoptiert und als seinesgleichen aufgezogen hat.«

Im Frühjahr 1988 berichtete die deutsche Presse, dass in Mettmann ein verwahrloster vierjähriger Junge – laut der Schlagzeile einer bekannten Tageszeitung der »Wolfsjunge Horst« – aufgefunden wurde, der angeblich von einer Schäferhündin groß gezogen worden sei. Dieses unglückliche Kind, Sohn alkoholsüchtiger Eltern und viel allein gelassen, verbrachte lediglich einen Großteil der Zeit in Gesellschaft dieser Hündin – von einem Großziehen durch das Tier konnte aber keineswegs die Rede sein.

Unter wissenschaftlich korrekten Aspekten ist es kaum möglich, die Nichtexistenz von Wolfskindern, also in unserem Zusammenhang von Wölfen aufgezogene menschliche Kinder, zu beweisen. Man kann allerdings in praktisch allen bislang vorliegenden Berichten Unstimmigkeiten erkennen, die an der Authentizität des Geschilderten Zweifel aufkommen lassen! Blumenthal[20], der mehrere Jahre für sein lesenswertes Buch »Kaspar Hausers Geschwister« recherchierte, vermerkt über diese Berichte: »Der absolute

19 Hediger, 1990

20 Blumenthal, 2005

Großteil solcher Geschichten ist allerdings sehr unglaubwürdig«.

## Wolfskinder in Indien: Die Kinder von Midnapore

Besonders aus Indien mehrten sich die Gerüchte von Wolfskindern, die seit der Mitte des 19. Jahrhunderts auch in Europa bekannt wurden. Einem Bericht von 1858 zufolge seien jährlich in Britisch-Indien einige Tausend Kinder von Wölfen geraubt worden. Der Autor, ein britischer Kolonialoffizier Sir Sleeman, vermerkt darin weiter, dass man nie von erwachsenen Wolfsmenschen gehört habe, da die von Wölfen aufgezogenen Kinder vermutlich an Entbehrungen gestorben oder von anderen Wölfen, vielleicht auch Tigern, getötet wurden.

Auffallend ist bei fast allen Berichten über diese Wolfskinder, dass der jeweilige Autor bei deren Auftauchen selbst nicht dabei war (also »Berichte aus dritter Hand«) und deshalb auch nicht die tierischen »Zieheltern« mit eigenen Augen gesehen hat. Eine angebliche, aber nicht nachprüfbare Ausnahme bilden die nachträglichen Tagebuchaufzeichnungen und undatierten Notizen, die teilweise erst nach Jahren festgehalten wurden, über »Die Wolfskinder von Midnapore« eines Missionars J.L.A. Singh aus den späten 1920er Jahren (Singhs Tagebuch wurde später von dem Anthropologen Zingg nach weiteren Recherchen 1942 veröffentlicht). Sollte es sich – entgegen aller Wahrscheinlichkeit – hierbei tatsächlich um von Wölfen aufgezogene Kinder gehandelt haben, ist eine einmalige Gelegenheit einer einzigartigen wissenschaftlichen Dokumentation verstrichen. Schon die Vorgeschichte macht stutzig. Reverend Singh fand auf seinen Missionsreisen in Nordwest-Indien ab 1912 praktisch in jedem Dorf Waisenkinder, die auf der Suche nach Nahrung und Unterkunft völlig verwahrlost herumirrten, die er mitnahm und in einem auf seine Initiative eingerichteten Waisenhaus in Midnapore unterbrachte[21].

In Indien wurden schon immer Kinder, vor allem Mädchen, ausgesetzt. Es ist möglich, dass ein solches Kind in eine Wolfshöhle gerät und nicht sofort getötet wird, da viele wehrhafte Tiere in unmittelbarer Nähe des Baues »Burgfrieden« halten, insbesondere, wenn sie selbst Junge haben und um diese nicht durch ihren eigenen Jagdeifer zu gefährden. Trotz allem kann von einem langfristigen Überleben dieser bedauernswerten Kinder keine Rede sein. Immer wieder beschriebene körperliche Adaptationen an das wölfische Leben sind wohl am ehesten mit angeborenen Behinderungen und Deformationen zu erklären. Es wird zu Recht vermutet, dass die beiden von Singh gefundenen Mädchen keine Geschwister waren und jeweils von ihren Müttern, bedroht von einer in dieser Gegend häufigen Hun-

21 Blumenthal, 2005

▲ Kaum vorstellbar, dass in einer solch engen Erdhöhle wie in diesem Wolfsbau Kinder leben könnten. (© E.H. Radinger)

gersnöten, ausgesetzt wurden. Eine der Erklärungen für ihr Überleben in der Wildnis besagt, dass eine hochträchtige Wölfin, deren Mutterinstinkte bereits voll entwickelt waren, die beiden hilflosen Mädchen fand, sie aber nicht als Beute betrachtete. Wenn auch die Wölfin im Umkreis ihrer Wurfhöhle keine Beutefanghandlungen unternimmt, um ihre eigenen Welpen nicht zu gefährden, so duldet sie mit Sicherheit auch nicht ältere Menschenkinder, die schon laufen können. Diese passen bereits in das »Feindbild Mensch« und lösen bei der Wölfin bestenfalls eine wolfstypische Meidereaktion, wahrscheinlicher eher aber einen Beutereflex als einen Mutterinstinkt aus.

Reverend Singh fand also im Oktober 1920 in einem Wolfsbau zwei Mädchen im Alter von etwa eineinhalb und sieben Jahren in Gesellschaft von zwei adulten und zwei Jungwölfen. Dieser Bericht von Singh ist der einzige, der persönlich bei der Auffindung der vorgeblichen Wolfskinder selbst zugegen gewesen sein will. Dennoch ist er kein wissenschaftlicher Nachweis, dass Kinder in der Obhut von Wölfen aufwachsen können. Er sagt lediglich aus, dass zwei Mädchen zusammen mit Wölfen in einer Höhle gefunden wurden. Amala und Kamala, wie die beiden später genannt wurden, sind allerdings definitiv keine Erfindung von Reverend Singh, und ihre tatsächliche Existenz ist durch

Ob (menschliche) Kleinkinder vom hervorgewürgten Fleisch der Wolfseltern überleben könnten, ist äußerst fraglich. (© Gunther Kopp)

Dutzende von Zeugen und auch (allerdings wenig aussagekräftige) Fotos belegt. Röntgenbilder zur Klärung anatomischer Fragen beispielsweise am Bewegungsapparat wurden nicht angefertigt.

▲ Kamala, das »Wolfskinder von Midnapore« auf einem Baum (Wikimedia Commons)

## Angebliche anatomische Besonderheiten von Amala und Kamala

Beide Mädchen waren äußerst scheu und wurden in das Waisenhaus von Midnapore gebracht, wo Amala, die Kleinere nach einem Jahr an Nierenentzündung verstarb und Kamala noch weitere acht Jahre lebte, bis sie an Urämie verstarb.

Die Kinder sollen wölfische Merkmale und Verhaltensweisen aufgewiesen haben: Ihre Augen »leuchteten« während der Nacht, sie liefen auf allen Vieren äußerst behände, sie schlappten Wasser mit der Zunge auf, sie hechelten bei Hitze und witterten Fleisch und Aas.

Gerade die detaillierte Schilderung dieser Merkmale macht stutzig. Es gibt im Auge vieler nachtaktiver Säugetiere eine besondere, das Licht reflektierende Schicht, das Tapetum lucidum. Hierbei handelt es sich um eine Lage von Bindegewebsfasern, deren Zellplasma Guaninkristalle enthält. An dieser Gewebestruktur werden schwache Lichtstrahlen nach ihrem Durchgang durch die Netzhaut nochmals zur Netzhaut zurückgelenkt und ermöglichen den betreffenden Tieren eine bessere Ausnutzung des spärlichen Lichtes während der Nacht. Es ist aber nicht vorstellbar, dass sich diese Zellschicht bei einem Menschen ausbildet, weil er mit Wölfen zusammenlebt.

Die beiden Kinder bewegten sich auf allen Vieren, die Haut an Knien und Handinnenflächen war stark verhornt. Die menschlichen Gliedmaßen sind für den aufrechten Gang ausgebildet. Ein Laufen auf allen Vieren ist, wie jeder leicht selbst feststellen kann, äußerst ungelenk, langsam und ermüdend. Es ist schon aus anatomischen Gründen nicht vorstellbar, dass Amala und Kamala eine vierfüßige Fortbewegungsweise entwickelten, wie Singh schildert: »Sie sahen die Wölfe und ahmten sie nach. Damit sie dies konnten, erfuhren ihre Glieder eine Deformation. [...] Zunächst hörte jegliches Wachstum in ihnen eine Zeitlang auf. [...]«

Ebenfalls kann ausgeschlossen werden, dass ein Mensch sich auf allen Vieren »flink wie ein Eichhörnchen« fortbewegen kann. Die auf einem Foto von Kamala gezeigte Kopfhaltung ist, bedingt durch die Lage des Hinterhauptlochs (beim menschlichen Schädel an der Basis) beim Gang auf allen Vieren für die Nackenmuskulatur extrem ermüdend. Aus anatomischen Gründen kann eine geschickte Fortbewegung in dieser Haltung kaum vermutet werden. Auch andere Skelettmerkmale wie Krümmung der Wirbelsäule und Aufhängung der Extremitäten an Schulter- und Beckengürtel machen eine geschickt vierfüßige Bewegung kaum möglich: Hundetypisch ist das Längenverhältnis von 1:1 von Brust- und Lendenwirbelsäule; hierdurch kann die Lendenpartie stark abgebogen werden, was ein weites Vorgreifen der Hinterläufe im Galopp ermöglicht.

Ihre Gesichtszüge waren wegen der stark hervortretenden Kieferknochen von denen gewöhnlicher Kinder verschieden. Röntgenmaterial zur Verifizierung dieser wichtigen Aussage liegt nicht vor. Auch hatten angeblich die Zähne der beiden Mädchen eher Ähnlichkeit mit denjenigen der Kaniden: »Die vier Zähne in der Augenlinie (die Eckzähne) waren länger und spitzer als dies bei menschlichen üblich ist«, so Singh. Nun ist gerade die Bezahnung bei Säugern derart arttypisch, dass an eine Umformung des Gebisses eines Individuums aufgrund der Lebensweise ausgeschlossen ist.

Sie versuchten anfänglich, Menschen, die sich ihnen näherten, zu kratzen und zu beißen und verweigerten jegliche gekochte Nahrung. Ihre bevorzugte Nahrung war rohes Fleisch und ungekochte Milch. Wasser und Milch »lappten« sie wie Hunde. Alle Kaniden nehmen Flüssigkeit zu sich, indem sie das Wasser mit ihrer langen Zunge emporschnellen (»lappen«). Dem Menschen ist dies aufgrund seiner relativ kurzen Zunge und dem nicht schnauzenartig verlängernden Mund nicht möglich. Die kanidentypische Trinkweise kann also auch nicht erfolgreich imitiert werden. Hunde haben keine Schweißdrüsen, sondern sie kühlen sich durch Hecheln ab. Der Mensch verschafft sich Linderung durch die Verdunstungskälte des Schweißes aus Tausenden von auf seiner Haut verteilten Poren. Kamala hatte eine trockene Haut und schwitzte nie, bei großer Hitze ließ sie die Zunge heraushängen. Meint Singh in seinen Aufzeichnungen, dass das Mädchen vielleicht hechelte? Schweißdrüsen verkümmern nicht aus Nachahmung! Andererseits wird ihre relative Unempfindlichkeit gegen Kälte und Hitze beschrieben.

Ihnen wurde für Menschen eine nicht denkbare Schärfe der Sinnesorgane nachgesagt. So sollen sie Fleisch aus einer Entfernung von mehr als 60

Metern gerochen und für menschliche Ohren kaum wahrnehmbare Geräusche gehört haben.

Trotz allem kann von einem langfristigen Überleben dieser bedauernswerten Kinder ohne menschliche Fürsorge keinesfalls die Rede sein. Immer wieder beschriebene körperliche Adaptationen an das wölfische Leben sind wohl am ehesten mit angeborenen Behinderungen und Deformationen zu erklären. Auch aus unseren Nervenkliniken wissen wir, dass bestimmte Geisteskranke wie Wölfe heulen – ohne dass man sie je mit diesen Tieren in Verbindung gebracht hätte! Zimmer[22] berichtet von einem 1954 in Lakhnan/Indien aufgefundenen angeblichen Wolfskind, das bis zu seinem Tod (1960) keine Sprache lernte. Bei der Obduktion wurde eine Gehirnläsion an einem Sprachfeld diagnostiziert – also eine anatomisch bedingte Behinderung! Auch Kamala konnte im Anfang nicht sprechen, erst nachdem sie rund drei Jahre wieder in menschlicher Obhut war, konnte sie einige einfache Worte – die insbesondere mit Essen und Trinken zusammenhingen – formen. Weitere drei Jahre später und bis zu ihrem Lebensende war ihr Wortschatz auf rund 30 Wörter begrenzt.

22 Zimmer, 1989

## Welche Überlebenschancen hat ein Menschenbaby bei einer »Wolfs-Amme«?

Allgemein wird von diesen »Wolfskindern« berichtet, dass sie sich stark zu Tieren hingezogen fühlten und Menschen – zumindest anfänglich – fürchteten und nicht als Artgenossen akzeptierten. Gänzlich unglaubwürdig wird es dann aber, wenn behauptet wird, Wölfinnen hätten gemeinsam mit ihren Welpen Menschenbabys gesäugt und großgezogen.

Sehen wir uns die frühe Lebensgeschichte eines Wolfes an. Es ist ausgeschlossen, dass ein Säugling ohne Hilfe und menschlicher Fürsorge überleben kann: In den ersten zwei Lebenswochen – in der Literatur[23] als »Vegetative Phase« bezeichnet – beobachten wir bei den Wolfswelpen einige wenige Bewegungsweisen, von denen die wichtigsten Strampeln, Fellbohren, Milchtritt und das Abstemmen mit den Hinterbeinen sind. Durch das Fellbohren schiebt er seine Nase unter die mütterlichen Haare, um die Zitzen zu finden. Beim Saugen selbst stemmt der Welpe sich mit den Hinterbeinen am Boden ab, um die Zitzen nicht zu verlieren und um mit dem Kopf kräftig gegen das Gesäuge stoßen zu können. Ebenso »pfötelt« er alternierend mit beiden Vorderpfoten, um zusätzlich die Milchproduktion anzuregen. Dies alles sind Verhaltens-

23 Trumler, 1971

**Wolfsbrüder.**
**Ein Junge unter Wölfen – nach einer wahren Geschichte**

»Wolfsbrüder« ist die außergewöhnliche Geschichte von Marcos, einem Jungen, der zwölf Jahre lang isoliert in den Bergen der Sierra Morena zusammen mit einem Rudel Wölfe lebte. Dieser Film basiert auf einer wahren Lebensgeschichte.

Marcos ist erst sieben Jahre alt, als er von seinem Vater an einen Großgrundbesitzer verkauft und ins Tal der Stille geschickt wird. In diesem abgeschiedenen Gebiet in den Bergen der Sierra Morena soll er Ziegen hüten. Seine einzige Gesellschaft ist der alte Ziegenhirt, der ihn in die Geheimnisse der Wildnis einweiht und ihm alles beibringt, was man zum Überleben braucht. Gerade als sich Marcos mit dem rauen Leben und seiner Situation angefreundet hat, stirbt der Alte und lässt Marcos völlig allein und schutzlos zurück. Bei seinem Kampf gegen Hunger, Kälte und Einsamkeit bekommt er Unterstützung von einem zahmen Frettchen und einem Rudel Wölfe, mit dem er sich zaghaft anfreundet. Zwölf Jahre lang lebt er in der Natur und wird eins mit dem Land und den Tieren. Bis eines Tages Menschen ins Tal kommen …

Der Spielfilm »Wolfsbrüder« beruht auf dem einzigartigen Leben von Marcos Rodríguez Pantoja, der 1946 in der nördlichen Provinz Cordoba geboren wurde, im Herzen der Sierra Morena. Der echte Marcos ist am Ende des Films

Im Film »Wolfsbrüder« schließt Marcos (Manuel Camacho) mit einem Wolf (Lobito) Freundschaft. (© Polyband Medien)

in einem Kurzauftritt zu sehen. Manuel Camacho, der ihn im Alter von sieben Jahren darstellt, stammt ebenfalls aus dieser Gegend und gibt in »Wolfsbrüder« sein Debüt. Für seine Rolle wurde er für einen Goya, das spanische Pendant zum Oscar, in der Sparte Bester Nachwuchsschauspieler nominiert. Die Dreharbeiten mit Kindern, Ziegen und Wölfen gestalteten sich oft als sehr schwierig. Doch das Ergebnis überzeugt: »Wolfsbrüder« ist ein packender Abenteuerfilm über die wunderbare Freundschaft zwischen einem Jungen und einem Wolf, mit wunderschönen, nie gesehenen Naturaufnahmen. Er wurde mit dem Prädikat »besonders wertvoll« ausgezeichnet.

In Spanien lief »Wolfsbrüder« sehr erfolgreich 2011 in den Kinos. DVD-Start: Januar 2013

weisen, die dem menschlichen Säugling in dieser Form fremd und undurchführbar sind. Vom genetisch starren Verhaltensablauf hierbei abweichende Individuen werden von der Wölfin nicht akzeptiert und getötet. Welche Überlebenschancen hat bei diesem scharfen »Welpentest« ein Baby?

Bei der später im Alter von wenigen Wochen einsetzenden Sozialisierungsphase beginnen die Welpen eines Wurfes, kräftig zu raufen und sich mit ihren nadelspitzen Milchzähnen gegenseitig zu bearbeiten. Welche Chancen hat hier ein Säugling mit seiner zarten Haut, diese Spiele unbeschadet zu überstehen (Verletzungs- und Infektionsgefahr)?

Die Fürsorge- und Mutterinstinkte der Wölfin erlöschen nach einer bestimmten Zeitspanne nach dem Werfen, nämlich zu dem Augenblick, wo ihre eigenen Welpen eine größere Unabhängigkeit entwickeln und sie nicht mehr säugt, das heißt, wenn die Welpen etwa drei bis vier Monate alt sind. Ein menschliches Baby im gleichen Lebensalter wie die Wolfswelpen ist dann aber noch völlig hilflos und absolut auf Fürsorge und menschenspezifische Pflege angewiesen. Es ist unvorstellbar, dass ein Kleinkind überhaupt auf ausschließlich rohe Fleischnahrung (bestenfalls von der Wölfin vorverdaut und vorgewürgt) oder gar Aas umgestellt werden kann. Kamala, die Ältere, verzehrte angeblich von ihr gefundene tot Hühner und vertrieb Geier und Krähen von auf dem Feld liegenden Aas.

Es ist denkbar, dass Amala und Kamala aufgrund ihrer Behinderung von ihren jeweiligen Eltern nach der Geburt versteckt und später ausgesetzt wurden. Als sie von Singh aufgefunden wurden, glichen sie Leprakranken. Wurden sie von ihren Eltern deshalb von der Dorfgemeinschaft ausgeschlossen, insbesondere weil es sich bei ihnen um Mädchen handelte, die ohnehin in Indien weniger geschätzt werden?

Die beiden Wolfskinder Amala und Kamala erinnern in ihrem Verhalten sehr an den wissenschaftlich gut dokumentierten Fall des in starker sozialer Deprivation aufgewachsenen Mädchens »Genie«, der 1970 in Los Angeles bekannt wurde; Genie wurde praktisch ohne Sozialkontakte von ihrem Vater gefangen gehalten[24]. Solche Fälle, in denen Kinder jahrelang von der Außenwelt und auch von menschlichen Kontakten abgeschnitten waren, sind in großer Zahl bekannt. Die Psychologie benutzt bereits seit dem 19. Jahrhundert den Fachbegriff »Dementia ex Separatione«, also durch Absonderung bedingter Schwachsinn: Ein Mensch, der abgesondert von der menschlichen Gesellschaft lebt, »verwildert« relativ schnell und bildet manche menschlichen Wesenseigentümlichkeiten nur unvollkommen aus – hier seien insbesondere das Sprachvermögen und die menschliche Vernunft exemplarisch genannt – und das umso stärker, je früher er von mitmenschlichen sozialen Kontakten

24 Curtiss, 1977 in: Zimmer, 1993

separiert wurde. Hierfür gibt es auch in der wissenschaftlichen Literatur zahlreiche Beispiele von diesen bemitleidenswerten Kindern und Jugendlichen. Generell kann man davon ausgehen, dass es sich bei den bislang bekannt gewordenen Fällen von Wolfskindern oder anderen Kindern, die angeblich bei und mit Tieren lebten, zumeist um Autisten handelt.

## Schlussbetrachtung

Spätere Nachforschungen und Zeugenbefragungen in den 1950 Jahren in der Region von Midnapore waren wenig ergiebig. Zeitzeugen waren verstorben oder nicht mehr auffindbar, andere bezeichneten den Reverend Singh als Hochstapler. Zeugen, die Kamala tatsächlich noch lebend gesehen haben und sich ihrer erinnerten, gaben von dem Mädchen Beschreibungen, die sehr von denen Singhs abwichen.

Wenn auch ebenfalls kaum möglich und deshalb bislang nie wissenschaftlich belegt, so ist es doch eher vorstellbar, dass eine Affenmutter (Bonobo, Schimpanse, Gorilla), die ihr Kind verloren hat, ein Menschenbaby als ihr eigenes annimmt und in der Wildnis Afrikas aufzieht (»Tarzan« lässt grüßen). Bei Wölfen ist dies, trotz aller Geschichten und Gerüchte, nach Meinung ernstzunehmender Wissenschaftler ausgeschlossen! Der wohl bedeutendste deutsche Tierkenner, Bernhard Grzimek[25], vermerkte schon vor Jahrzehnten kategorisch hierzu: »Diese sogenannten Wolfskinder unterscheiden sich in nichts von armen jugendlichen Insassen unserer Irrenanstalten. Lediglich die unverbürgte Vorgeschichte, dass sie von Wölfen aufgezogen sein sollen, macht sie für die sensationslüsterne Öffentlichkeit interessant.«

## Literaturhinweise

*Blumenthal*, P.J.: Kaspar Hausers Geschwister; München (2005)

*Curtiss*, Susan: »Genie – A Psycholinguistic Study of a Modern Day Wild Child«; New York (1977)

*Grzimek*, Bernhard: 20 Tiere und 1 Mensch; München (1956)

*Hediger*, Heini: Ein Leben mit Tieren, Zürich (1990)

*Knecht*, Sigrid: Menschenkinder bei Wölfen?, KOSMOS 5: 225-226 (1950)

*Singh*, J.A.L.: Die »Wolfskinder« von Midnapore; Tagebuch des Missionars J.A.L. Singh, Heidelberg (1964)

*Trumler*, Eberhard: Mit dem Hund auf du; München (1971)

*Zimmer*, Dieter E.: Experimente des Lebens: Tarzans arme Vettern; München (1993)

*Zingg*, Robert: Wolf-Children and Feral Man; New York & London (1941)

25 Grzimek, 1956

Ein neugieriger Fuchswelpe im Wald, seinem natürlichen Lebensraum. (© Gunther Kopp)

# Stadtfüchse

## Gefährliche Eindringlinge oder harmlose Nachbarn?

Dag Frommhold

**Füchse sind heute weitaus häufiger in Siedlungsgebieten anzutreffen als noch vor fünfzig oder gar hundert Jahren. Im Gegensatz zu manch anderer Tierart, die von Lebensraumzerstörung und zunehmender Urbanisierung an den Rand der Ausrottung gedrängt wurde, findet der anpassungsfähige Fuchs insbesondere in den grünen Vororten der Städte hervorragende Lebensbedingungen vor.**

Gärten und Parks sind reich an Deckung und leicht erreichbarer Nahrung. Überall stößt man auf weggeworfene Essensreste, und Mäusen, Ratten und Tauben sind weitaus zahlreicher als in freier Natur. Hinzu kommt, dass die sprichwörtlich schlauen Füchse gerade die unmittelbare Umgebung ihres ärgsten Feindes als sicheren Lebensraum identifiziert haben: Während ihre Artgenossen in Wald und Feld stets unnachgiebigen Nachstellungen durch Jäger ausgesetzt sind, darf in Siedlungsgebieten nicht geschossen werden. Inzwischen sind Füchse daher selbst in den Zentren von Großstädten wie Berlin, München oder Stuttgart anzutreffen.

## Von Menschen und Füchsen

Viele Menschen erfreuen sich dabei am Dasein des Fuchses und heißen ihn als Stück ursprünglicher Wildnis im Asphaltdschungel unserer Städte willkommen. Sie freuen sich darüber, wenn eine Füchsin in der Nachbarschaft ihren Nachwuchs großzieht oder sich ein Fuchs im Garten sonnt, halten aber ansonsten Distanz. Andere Menschen füttern Füchse sogar, um sie leichter beobachten zu können, oder weil sie glauben, dass Wildtiere in der Stadt Hilfe bräuchten. Eine dritte Gruppe schließlich begegnet Stadtfüchsen mit großer Skepsis oder gar Angst. Fuchsbandwurm und Tollwut kommen vielen in den Sinn, wenn sie an den Fuchs denken; Haustierhalter befürchten Angriffe auf Katzen oder Kaninchen, und Familienväter sorgen sich um die Gesundheit ihrer im Garten spielenden Kinder.

Allen Vorbehalten zum Trotz scheint dabei insgesamt eine eher positive Haltung zum Fuchs in Siedlungsgebieten vorzuherrschen. In einer großangelegten Studie in Großbritannien gaben 65,7 Prozent der Befragten an, Stadtfüchse zu mögen, während weitere 25,8 Prozent sie neutral beurteilten. Auch bei Umfragen in einem Münchner Vorort überwogen positive Einstellungen zu Füchsen, und 91 Prozent stimmten der Aussage zu, Stadtfüchse hätten ein Recht auf Leben. Dies

▲ Immer häufiger spielen Fuchswelpen auch in den Parks und Gärten unserer Städte. (© Bruce Macadam)

deutet zumindest darauf hin, dass das Zusammenleben von Mensch und Fuchs in Städten und Vororten im Großen und Ganzen gut verläuft und Störungen der nachbarschaftlichen Beziehungen eher die Ausnahme als die Regel sind. Wo es dann aber doch zu vermeintlichen oder realen Problemen kommt, sind viele Zeitgenossen rasch mit drastischen Lösungen bei der Hand, deren Kern in aller Regel die Beseitigung des vierbeinigen Übeltäters darstellt.

Umso wichtiger ist es, mit kühlem Kopf an solche nachbarschaftlichen Konflikte heranzugehen, maßzuhalten, und sach-, aber auch tierschutzgerechte Lösungen für eventuelle Probleme zu finden.

## Wer hat Angst vorm bösen Fuchs?

Regelmäßig wird in den Medien – insbesondere in lokalen Tageszeitungen – darauf hingewiesen, dass Füchse Überträger gefährlicher Krankheiten wie Tollwut oder Fuchsbandwurm seien. Interessant ist dabei, dass sich nahezu ausschließlich Vertreter der Jägerschaft mit derartigen Aussagen hervortun. Zumeist fügt man im nächsten Atemzug an, dass man aufgrunddessen den Fuchs »scharf bejagen« müsse, um der Ausbreitung derartiger Krankheiten Einhalt zu gebieten. Bei so manchem Stadtbewohner, der einen Fuchs in seinem Garten sieht, löst die Lektüre

◀ Die meisten westeuropäischen Länder gelten inzwischen als tollwutfrei. (© Rosenzweit/Wikimedia Commons)

solcher Informationen natürlich Angst aus. Was, wenn ich bei der Gartenarbeit mit Fuchskot in Kontakt komme und mich dabei mit der Echinokokkose infiziere? Was, wenn der Fuchs tollwütig ist, auf einmal aggressiv wird und meine im Garten spielenden Kinder beißt?

Berücksichtigt man dagegen die nüchternen Fakten und wirft einen Blick auf die statistische Häufigkeit von Tollwut- oder Fuchsbandwurmerkrankungen beim Menschen, stellt sich die Situation weit weniger dramatisch dar, als die Warnungen der Jägerschaft vermuten lassen. Der Fuchsbandwurm ist eine meldepflichtige Krankheit, mit der sich bundesweit im Durchschnitt etwa 20 Menschen pro Jahr infizieren. Im direkten Vergleich ist es deutlich wahrscheinlicher, vom Blitz getroffen zu werden oder bei einem Jagdunfall zu Schaden zu kommen. Grund für die geringe Zahl an Echinokokkose-Erkrankungen ist dabei unter anderem die Tatsache, dass nur eine Dauerexposition auch zur Infektion führt – eine einmalige Aufnahme von Fuchsbandwurmeiern reicht dafür noch nicht aus. Inzwischen bezweifeln Experten sogar, dass man sich über den Verzehr von kontaminierter Nahrung überhaupt mit dem Fuchsbandwurm infizieren kann. Wer trotzdem auf Nummer sicher gehen will, kann durch gründliches Waschen, besser noch das Abkochen der im Garten geernteten Früchte zuverlässig jedes Bandwurmei eliminieren.

Entwarnung kann übrigens auch im Hinblick auf die Tollwut gegeben werden. Tollwütige Füchse sind bei uns schon seit Jahren nicht mehr anzutreffen. Infolge der Immunisierung mitteleuropäischer Fuchspopulationen durch den Einsatz von Impfködern gelten Deutschland und Österreich seit 2008, die Schweiz bereits seit 1999 als frei von terrestrischer Tollwut.

Die Gefahr, die Menschen durch Parasiten und Krankheiten des Fuchses droht, wird also ganz offensichtlich weit übertrieben. Dass viele Jäger die Angst vor dem Fuchs schüren, ist dabei wohl weniger der Sorge um die Volksgesundheit geschuldet, sondern dient viel eher dazu, in der Bevölkerung Rückhalt für die Jagd auf Füchse zu gewinnen. Immerhin fragen immer mehr Menschen, welche Rechtfertigung es dafür gibt, dass in Deutschland Jahr für Jahr mehr als eine halbe Million Füchse erschossen oder in Fallen gefangen werden.

▲ Füchse gewöhnen sich schnell an das Leben mit dem Menschen. (© Gunther Kopp)

## Zutrauliche Füchse: Neugier oder Aggression?

Stadtfüchse sind in aller Regel weitaus weniger scheu als ihre Artgenossen in Wald und Flur. Vor allem unerfahrene Jungfüchse lassen es bisweilen zu, dass man sich ihnen auf wenige Meter nähert, bevor sie Reißaus nehmen. Manche Stadtfüchse suchen sogar gezielt die Nähe des Menschen. Ein Jogger aus Berlin berichtete mir beispielsweise, dass er auf seinen Runden jedes Mal an derselben Stelle von einem Fuchs abgepasst wurde, dieser ihn ein Stück weit begleitete, bevor das Tier schließlich in stets demselben Gebüsch verschwand. Andernorts lassen sich Füchse beim Spiel im Garten beobachten, stehlen Schuhe, Bälle und andere Gegenstände aus Gummi und Leder und bringen diese dem Nachwuchs zum Spiel mit. In London wurden Füchse sogar schon auf der Rolltreppe einer U-Bahn-Station beobachtet.

Füchse sind ebenso neugierige wie anpassungsfähige Tiere, die ihren Ruf als Schlauberger nicht zu Unrecht tragen. Während der hohe Jagddruck in freier Natur extrem scheue Füchse hervorbringt, bemerken Stadtfüchse rasch, dass die Menschen ihnen in aller Regel nichts Böses wollen. Wenn ein Stadtfuchs also nicht sofort Reißaus nimmt, sobald er einen Menschen erblickt, ist das keineswegs ein Indiz für Krankheit oder Aggressivität, sondern vielmehr Ausdruck füchsischer Anpassungsfähigkeit. Solange man das betreffende Tier nicht in die Enge treibt, muss man keine Angst haben, gebissen zu werden. Es ist kein belegter Fall bekannt, in dem ein Fuchs einen Menschen von sich aus angegriffen hätte.

## Füchse und Haustiere

Für den Menschen stellen Stadtfüchse also offensichtlich keine Gefahr dar. Zu den häufigsten Anfragen, die mich erreichen, gehören jedoch E-Mails besorgter Haustierhalter, die um die Sicherheit ihrer vierbeinigen Lieblinge bangen. Insbesondere unter Katzen- und Kaninchenhaltern herrscht Unsicherheit, wie mit dem Fuchs umzugehen ist.

Katzen oder selbst kleine Hunde sind dabei so wehrhaft, dass ein Fuchs das Risiko einer Auseinandersetzung mit ihnen nur im äußersten Notfall eingehen würde. Zudem sind Füchse weitaus leichter und zierlicher, als ihr vor allem im Winter sehr üppiger Pelz vermuten lässt. Mit typischerweise sechs bis acht Kilogramm ist selbst ein voll ausgewachsener Fuchsrüde kaum schwerer als eine große Hauskatze. Zudem verfügen Katzen über scharfe Krallen, die sie zu formidablen Kämpfern machen. Es ist also kaum verwunderlich, dass Füchse Katzen in aller Regel aus dem Weg gehen und – wie viele Clips auf Internet-Videoplattformen belegen – im Zweifelsfall die Flucht vor unseren Haustigern ergreifen.

Ganz anders sieht es natürlich bei kleineren Haus- und Nutztieren aus. Vor allem, wenn Füchse in kalten Wintern oder während der kräftezehrenden Jungenaufzucht vom Hunger geplagt werden, schlagen sie mitunter alle Vorsicht in den Wind und machen auch vor Hühnern und Kaninchen keinen Halt. Die Anziehungskraft eines Kaninchen- oder Hühnergeheges für einen Fuchs ist so groß, dass nur drei Dinge ihn von einem Einbruch abhalten können: menschliche Gegenwart, ein Wachhund oder ein fuchssicheres Gehege.

Ein Gehege kann dann als fuchssicher gelten, wenn die Umzäunung zumindest dreißig Zentimeter in den Boden eingelassen und mindestens 180 cm hoch ist. Das soll Füchse davon abhalten, sich unter dem Zaun hindurchzugraben oder hinüberzuspringen. Alle Öffnungen mit einem Durchmesser von zehn Zentimetern oder mehr müssen verschlossen werden, da Füchse sich auch durch extrem kleine Löcher zwängen können. Zu guter Letzt sollte man darauf aufpassen, dass man nicht ungewollt durch Kisten, Erdhaufen oder durch die natürliche Steigung des Geländes »Treppen« baut, die einem Fuchs den Einstieg in das Gehege ermöglichen.

▲ Ein Stadtfuchs in Birmingham, UK, versucht, an ein Hauskaninchen heranzukommen. (© Oosoom/Wikimedia Commons)

## Den Jäger rufen?

So mancher Kaninchen- oder Hühnerhalter mit »Fuchsproblem« wird zumindest erwogen haben, den Jäger zu rufen. Da dieser im Siedlungsraum meist keine Waffe zum Einsatz bringen darf, werden häufig Fallen für den vierbeinigen Delinquenten aufgestellt. Ist der Fuchs gefangen, bringt der Jäger ihn kurzerhand in den Wald und erschießt ihn dort mit einer Kleinkaliberpistole.

Abgesehen von den ethischen Bedenken, die diese Vorgehensweise mit sich bringt, wird die Tötung des Fuchses das eigentliche Problem in aller Regel nicht dauerhaft lösen. Füchse sind territorial und halten eindringende Artgenossen aus ihrem Revier fern. Wird nun ein Revier frei, so hat dies eine regelrechte Sogwirkung auf revierlose Füchse, und der soeben getötete Revierinhaber wird sofort durch einen Nachfolger ersetzt. Unter den Bedingungen, die im dicht besiedelten städtischen Umfeld herrschen, dürfte es vollkommen unmöglich sein, ein Gebiet über längere Zeit »fuchsfrei« zu halten.

Hinzu kommt, dass Füchse insbesondere dann an Hühner- oder Kaninchenställen zu finden sind, wenn sie Junge zu ernähren haben. Die Tötung von Elterntieren, die für die Aufzucht unselbständiger Jungtiere erforderlich sind, ist jedoch schon von Gesetzes wegen verboten, um die Welpen vor qualvollem Verhungern oder Verdursten zu bewahren.

## Füchse im Garten

Auch wenn man keinen ausgesprochenen »Fuchsmagneten« im Garten hat, kann es vorkommen, dass man regelmäßig von Meister Reineke besucht wird. Während viele Menschen sich am Anblick ihrer füchsischen Nachbarn erfreuen, empfinden andere die Lebensäußerungen von Vulpes vulpes als Störung – sei es, weil der Fuchs Beutereste im Blumenbeet vergräbt, oder weil er seine Welpen in einem frisch angelegten Bau unter dem nunmehr bröckelnden Fundament des Gartenhäuschens aufzieht.

Wenn man einen Fuchs dazu bringen möchte, seinen Garten zu verlassen, sollte man einige grundlegende Dinge beachten. Zunächst einmal sollten alle Nahrungsquellen wie etwa Hunde-, Katzen- oder Vogelfutter, auf den Komposthaufen geworfene Essensreste oder unverschlossene Mülleimer entfernt werden. Gartengrille sollten gut gereinigt werden. Auch potenzielle Spielzeuge wie Gummistiefel, Lederschuhe, Bälle oder andere Gegenstände aus Leder oder Gummi ziehen Füchse magisch an. Viele Füchse meiden nachts gut ausgeleuchtete Bereiche, daher sind Außenlampen mit Bewegungssensoren eine gute Wahl. Außerdem fliehen Füchse vor intensiver menschlicher Aktivität – am einfachsten ist es, sie lautstark davonzujagen. Dabei sollte man aber achtgeben, dass der vertriebene Fuchs nicht direkt auf eine vielbefahrene Straße rennt.

Ihren Bau verlassen Füchse normalerweise, wenn sie in unmittelbarer Umgebung störende menschliche Aktivität wahrnehmen. Ein lautes Radio, eingestellt auf einen Sender, auf dem nur wenig Musik gespielt wird, kann

◀ Ein junger Fuchs nutzt einen Gartenstuhl als Aussichtsplattform.
(© Thorsten Emberger, www.frecherfuchs.de)

▲ In der Stadt stellt der Autoverkehr die größte Gefahr für einen Fuchs dar. Sie ist aber weitaus »kalkulierbarer« als der hohe Jagddruck in Wald und Feld. (©Thorsten Emberger, www.frecherfuchs.de)

selbst hartgesottene Stadtfüchse vertreiben. Noch wirksamer sind für den Fuchs unangenehme Gerüche wie etwa Wildvergrämungsmittel, die im Jagdbedarf angeboten werden. Auf keinen Fall darf man einen Bau einfach zuschütten oder verschließen, solange er möglicherweise noch bewohnt wird. Wer sich nicht zutraut, dies anhand von Spuren oder Gerüchen zu erkennen, kann ein oder zwei dünne Zweige vor dem Baueingang so positionieren, dass der Fuchs sie beim Betreten oder Verlassen der Höhle entfernen oder zerbrechen muss. Erst wenn die Zweige mehrere Tage in Folge unbeschädigt an Ort und Stelle geblieben sind, kann man davon ausgehen, dass der Bau tatsächlich unbewohnt ist.

Bei alledem sollte man berücksichtigen, dass die vierbeinigen Untermieter in aller Regel wieder verschwinden, wenn die Jungfüchse den Familienverband im Spätsommer verlassen, um sich ein eigenes Revier zu suchen. Ein wenig Geduld löst das Problem daher meist ebenso gut wie aufwändige Vergrämungsmaßnahmen. Zudem sollte man den Füchsen zuliebe während der Jungenaufzucht davon absehen, die Tiere aus ihrem Bau zu vertreiben. Sofern die Fuchsfamilie nicht bereits über ein Ausweichquartier verfügt, kann dies im schlimmsten Fall insbesondere sehr junge Fuchswelpen das Leben kosten.

## Die andere Seite ...

Während manche sich von Füchsen gestört fühlen, sind sie anderen Menschen umso willkommener. So mancher Gartenbesitzer freut sich nicht nur über ihre Anwesenheit, sondern legt sogar gezielt Katzen- oder Hundefutter für sie aus, um sie besser beobachten zu können.

Allerdings vergisst man leicht, dass sich Füchse daran gewöhnen, vom Menschen Nahrung anzunehmen, und man sie im schlimmsten Fall sogar von sich abhängig macht. Darüber hinaus ermutigt man die Tiere dazu, ihre Scheu vor dem Menschen gänzlich abzulegen. Resultat dessen sind im schlimmsten Fall Füchse, die sich bis in den Hausflur vorwagen und sich nur mit lautem Geschrei wieder vertreiben lassen – und arglos ins Verderben laufen, wenn ihnen weniger freundlich gesonnene Zeitgenossen gegenüberstehen. Wo ihnen ängstliche Stadtbewohner innerhalb von Siedlungen und begeisterte Fuchsjäger außerhalb der Stadtgrenzen nach dem Leben trachten, sind zutrauliche Füchse leider oft sehr schnell tote Füchse. Man sollte daher auf ein Mindestmaß an Distanz zu seinen vierbeinigen Nachbarn achten und auf »Fuchsfütterungen« unbedingt verzichten.

## Füchse als Nachbarn

Was wir auch tun und ganz egal, ob es uns nun gefällt oder nicht: Stadtfüchse sind ein Phänomen, das nicht einfach wieder verschwinden wird. Auch andere anpassungsfähige Wildtiere erobern sich nach und nach die Lebensräume zurück, die wir ihnen genommen haben – Steinmarder etwa sind in nahezu jeder Siedlung anzutreffen, und auch Waschbären dehnen ihren Lebensraum mehr und mehr bis in die Zentren von Städten aus. Zwar kann man einzelne Individuen vertreiben oder auch töten, doch wird ihr Platz in aller Regel rasch von einem Nachfolger eingenommen. Uns wird also gar nichts anderes übrig bleiben, als uns mit der Anwesenheit von Wildtieren im Siedlungsraum zu arrangieren – und ein besonnener, respektvoller Umgang mit unseren alten, neuen vierbeinigen Nachbarn ist dabei allemal besser, als hysterisch nach Gewehr und Falle zu rufen.

Wenn man die eine oder andere Verhaltensregel berücksichtigt und zumindest ein wenig Toleranz aufbringt, kann diese Nachbarschaft Vorteile für beide Seiten mit sich bringen. Für die Tiere, weil ihnen die Stadt als Ersatz für ihren mehr und mehr vom Menschen zerstörten und vereinnahmten natürlichen Lebensraum in Wald und Feld zu einer neuen Heimat wird, und für den Menschen, weil er sich an einem Stück wunderschöner, ungezähmter Wildnis direkt vor seinem Wohnzimmer erfreuen kann.

*Dag Frommhold ist seit vielen Jahren im Natur- und Tierschutz aktiv und hat zu diesen Themen zahlreiche Artikel und Bücher veröffentlicht. Sein besonderes Interesse galt dabei schon immer dem Rotfuchs. Er ist einer der Hauptinitiatoren der Kampagne »Schonzeit für Füchse« (www.schonzeit-fuer-fuechse.de) und betreibt mit fuechse.info (www.fuechse.info) die größte deutschsprachige Website über Meister Reineke.*

▲ Schätzungen gehen davon aus, dass rund eine Million Füchse in deutschen Städten leben. (© Gunther Kopp)

## Literatur

*Baker*, P., *Harris*, S. & *White*, P. (2006): After the hunt: The future for foxes in Britain. Report, University of Bristol/ University of York.

*Harris*, S. & *Baker*, P. (2001): Urban Foxes. Whittet Books, Suffolk.

*Hemmington*, M. (1997): Foxwatching – In the shadow of the fox. Whittet Books, London.

*König*, A. (2007): Fears, attitudes and opinions of suburban residents with regards to their urban foxes. A case study in the community of Grünwald – a suburb of Munich. European Journal of Wildlife Research, 10.

*McDonald*, E.; *Baker*, P.; *Harris*, S. (1997): Is the fox a pest? The ecological and economic impact of foxes in Britain.

Die Autorin mit ihrer Hündin (© Privat)

# *Wolfspirit*

## Meine Geschichte von Wölfen und Wundern

Gudrun Pflüger

**Sie lebt in der kanadischen Wildnis, folgt den Spuren der Küstenwölfe und verbringt einen ganzen Nachmittag inmitten eines wilden Wolfsrudels – eine Sensation. Für die Wildbiologin Gudrun Pflüger sind die Begegnungen mit den Wölfen aber vor allem eine unerschöpfliche Quelle für Lebensmut und Vertrauen.**

Als bei ihr ein aggressiver Gehirntumor – Lebenserwartung 1,5 Jahre – festgestellt wird, nimmt sie sich den »Ausdauerathleten« Wolf zum Vorbild, vertraut ihren Selbstheilungskräften und übersteht die Erkrankung. In ihrem Buch erzählt Gudrun Pflüger ihre berührende und packende Lebensgeschichte. Wir bringen als exklusiven Vorabdruck einen Auszug aus dem Buch »Wolfspirit« (Abdruck mit Genehmigung vom Patmos-Verlag).

### Teil 1

Und schon wieder ist Coal verschwunden. Dieser dunkle Wolf hält mich ganz schön auf Trab. Er ist der Weitwanderer unter unseren besenderten Wölfen. Heute da, morgen fast achtzig Kilometer weiter im Süden. Wie macht er das bloß, noch dazu mit einer Pfote, der eine Zehe fehlt? Er hat sie geopfert, als er in eine Fußfalle getreten ist. Hat sie sich selbst abgebissen, damit er in Freiheit weiterleben kann. Seitdem treibt er sich unruhig entlang der Foothills an den Ostflanken der Rockies herum. Neben der Nachtwache südlich des Kananaskis Country versuche ich tagsüber mit Coal mitzuhalten. Für diese Arbeit muss ich oft den Tank nachfüllen. Coal hat uns über Monate vorgeführt, wozu ein Wolf imstande ist. Er ist für mich ein Paradewolf, der leider auch die typische Geschichte der Wölfe in dieser Landschaft mit sich herumträgt: permanent auf der Suche, ständig auf der Flucht. Er kennt jeden Baum entlang der Foothills und hat doch nie eine Heimat gefunden. Ich habe ihn Hunderte Kilometer verfolgt, ihn aber nie gesehen. Er ist die zu Fleisch und Blut gewordene Projektionsfläche des menschlichen Hasses auf das Unkontrollierbare. Wenn er auftaucht, ist er schon wieder weg. Er entspricht dem Mythos vom geisterhaften Wolf. Über die Monate entwickle ich ein tiefes Gefühl der Freundschaft zu ihm. Durch ihn habe ich gelernt, dass es nicht unbedingt nötig ist, jemanden ganz nah und immer im Blick zu haben, um eine

Beziehung aufzubauen. Aber dass es wichtig ist, dem Gegenüber immer mit Respekt zu begegnen, den man beim Wolf mit räumlicher Distanz zu ihm ausdrückt. Nur dann bekommt man das wahre Bild von ihm. Seine Spuren verlaufen dann unverfälscht, so wie er sie mit seinem freien Willen zieht.

Gerade bei Coal, bei diesem Wolf, den ich so sehr schätze und bewundere mit seiner geschmeidigen Schlauheit, überschreite ich einmal selbst die respektierende Grenze. Für mich bis heute das Ereignis, das mir am meisten leidtut. Ich habe sein Signal in den steilen Flanken der Livingstone Weiden geortet. Von der staubigen Schotterstraße aus war eine sehr gute Peilung möglich. Ich parke sofort am Rand, springe aus dem Auto, schultere meinen Rucksack und laufe über die letzten, sich unter der warmen Frühlingssonne langsam auflösenden Schneefelder schnurstracks auf das Signal zu. Die Lautstärke verrät mir, dass ich noch weit genug entfernt bin, um den Wolf nicht auf mich aufmerksam zu machen. Aber schnell wird das Signal lauter. Ich beginne, mich geduckt von Deckung zu Deckung vorwärts zu bewegen. Dann stoße ich auf seine Spur. Eindeutig in den Schnee gedrückt, zieht sie sich schräg den steilen Nordhang hinauf. Der Schnee wird sehr tief, hier liegt noch der permanente Winterschatten über dem Gelände. Vereinzelt ist es so steil, dass Coal sich mit Sprüngen nach oben gearbeitet hat. Auch ohne Signal hätte mir diese Spur erzählt, dass es seine Spur ist: Ein Pfotenabdruck ist dreizehig. Und regelmäßig finde ich etwas Blut darin. Ich stecke stellenweise bis zur Hüfte im Schnee. Dass es sich um einen Lawinenhang handelt, ist eindeutig. Spätestens jetzt hätte ich umkehren sollen, aber das wird mir erst später bewusst. Ich weiß alles, was ich für mein Monitoring wissen muss. Und: Coal befindet sich auf dem Gelände einer Ranch, deren Besitzer pro Wolf sind. Also ist er hier sicher und soll möglichst lange hier bleiben. Aber ich stapfe weiter. Die Steilheit des Geländes und die Schneetiefe machen es unmöglich, regelmäßig Coals Signal zu checken. Endlich erreiche ich einen kleinen Zwergbirkenhain außerhalb der Lawinenschneise. Das Gelände ist hier etwas flacher. Ich verschnaufe und mache wieder eine Peilung. Ganz nah, er ist so nah, dass der sogenannte Attenuator, also das Signal, das man nur in unmittelbarer Nähe des Senders bekommt, ausschlägt. Er muss da im Hain vor mir irgendwo kauern. Mit einem Schlag fällt mein Adrenalinspiegel und stille Ernüchterung tritt ein. Ich erwache. Ich habe ihn vor mir hergetrieben. Ihn, den ich so bewundere in seiner Geisterhaftigkeit und Widerstandsfähigkeit gegenüber allen Gefahren, ihn habe ich vor mir hergehetzt. Im tiefen Schnee und steilen Gelände hat er wieder einmal seinen Lebenswillen zeigen müssen und diesen mit seinem Blut in den Schnee geschrieben. Plötzlich weine ich. Aus Erschöpfung, aber vor allem aus Mitleid mit Coal. Ich bin von mir selbst enttäuscht, dass ich der Gier, Coal endlich einmal mit eigenen Augen zu sehen, nicht habe widerstehen können. Sie ist zulasten des ohnehin schon so getriebenen Wolfes gegangen. Für ihn ist es vielleicht schon Routine, wieder einmal flüchten zu müssen. Für mich ist es eine neuartige, einzigartig traurige Erkenntnis. Ich beginne mit ihm zu reden, langsam entschuldige ich mich in Richtung Gebüsch, in dem sich zwei aufmerksame Ohren versteckt halten. Ich rede beruhigend weiter, während ich bedächtig meinen Rückzug antrete. Coal soll wissen, dass ich nicht eine von denen bin. Als ich wieder am Auto ankomme, spüre ich die volle Kraft der Frühlingssonne. Ich blicke in den schattigen, kalten Hang, wo Coal, der Wolf, nun seine Ruhe findet. Wenige Monate später wird er zum letzten Mal verfolgt. Für Coal endet es tödlich.

[...]

## Teil 2

Erstes Aufklärungsgespräch über die kommende Therapie in einem kleinen, nüchternen Raum ohne Fenster. Mutti, Phil, Mike und ich warten auf Dr. Easaw, meinen betreuenden Onkologen und auf Dr. Sung, meine Radiologin für die nächsten Monate. Eine kleine, zarte und brutal realistische Asiatin kommt herein, stellt sich vor. »Wie viel willst du wissen?« »Alles.« Dann nennt sie mir die genaue Diagnose, die geplante Therapie und die Überlebensquote. Klar, sachlich, erschütternd. Und zuletzt der Satz: »But hope dies last.« Und draußen ist sie. But hope dies last. Ja, genau das ist es, Frau Doktor. DAS merke ich mir! Ich will keine statistische Nummer sein, ich umarme meine Hoffnung! Und plötzlich kommt es mir vor, als ob ich tief in mir einen Startschuss spüre. Das Rennen meines Lebens beginnt. Das Rennen UM mein Leben. Wolfspirit, halte durch! Denn die Hoffnung stirbt zuletzt. Dann hadere ich wieder mit dem Schicksal: nicht ich, nicht ich.

Nicht mit mir! Wieso gerade ich? Wieso gerade jetzt? Ich habe endlich einen wunderbaren Partner, liebe meine Nahanni; ich komme gerade vom Erlebnis meines Lebens zurück und spüre noch immer den sachten Touch der wilden Wölfin. Wir haben einen tollen Film zum Schutz dieser Tiere gedreht und ich fühlte mich endlich angekommen. Und dann die Diagnose. Gehirntumor, Grad III, aggressiv, durchschnittliche Lebenserwartung: 1,5 Jahre. Noch ist das alles nicht ganz eingesickert in mein Bewusstsein. Eine Woche zuvor präsentiert mir der Arzt in Canmore das Computertomografie-Bild meines Kopfes: »Gudrun, das ist ein Gehirntumor.« Dann sinke ich ohnmächtig in Phils Arme. Wie weit entfernt höre ich ihn noch sagen, dass sie schon in Calgary Bescheid gesagt hätten, ich werde heute Nachmittag dort erwartet. Ich rufe Mutti daheim in Österreich an: »Mutti, bitte setz dich hin. Ich habe einen Gehirntumor.« Stille am anderen Ende der Leitung. Dann ein paar hektische Wortwechsel. Ein paar Tage nach der Operation holen Phil und ich Mutti vom Flughafen in Calgary ab. Sie haben meinen Tumor entfernt. Den Schädel hufeisenförmig aufgeschnitten, dann das Gewächs im linken Temporallappen herausgetrennt. Die Schädeldecke wieder hinaufgeklappt und mit Klammern fixiert. Ich habe nicht mal ein Haar verloren. Den Tag danach lag ich an Morphiuminfusionen gehängt im Bett des Foothill Krankenhauses, Phil neben mir. Angeblich haben mich sogar Freunde besucht, ich weiß nichts mehr. Sehr gut dagegen kann ich mich an die Nacht vor der Operation erinnern: zuerst der Chirurg Dr. Ian Parey mit der Einverständniserklärung, aus der er mir alle Gefahren dieser bevorstehenden Operation vorlas. Ich musste schlucken. Und ich musste unterschreiben. Am Abend besuchten mich Mike und Shelley und brachten mir eine Kuscheldecke. Ich wollte sie nicht gehen lassen, hatte Angst vor dem Alleinsein und den quälenden Gedanken. Es war spät, als sie endlich gingen. Alles war dunkel und still. Nun war ich allein. Es war nicht mal ein richtiges Zimmer, wo ich meine letzte Nacht vor dieser großen Operation verbrachte. Ein Abteil, finster. Ich sah Schläuche, nichts Menschliches, außer meiner Kuscheldecke. Ich starrte ins Dunkel – und dann kam ein warmes Gefühl der Geborgenheit und Zuversicht über mich. Eine kraftvolle Ruhe übermannte mich und ließ mich wunderbar schlafen. Gleich am Morgen wurde ich in den Operationssaal geschoben. Die OP-Schwestern nahmen mir meinen Schmuck ab; mein Wolfsamulett vom Hals und meinen Regenwaldring vom Finger. Es war schwer, mich von diesen zwei Dingen zu trennen. Die Schwestern fragten mich noch nach meiner Arbeit mit den Wölfen, in meiner Antwort schlief ich ruhig ein. Es wurde eine erfolgreiche Operation. Dr. Parey konnte alles sichtbare Tumorgewebe entfernen.

Zwei Tage nach meiner Operation bin ich wieder in Canmore, stehe auf und will unbedingt zum Fluss. Der Bow River ist die Lebensader des Tals und

Die Autorin mit ihrer Hündin (© Privat)

darf auch durch Canmore zum größten Teil frei fließen. Er teilt sich in Nebenarme, bildet Inseln und andere Strukturen. Sowohl die Wildtiere bis hin zum Grizzly als auch die Einheimischen lieben die Wanderpfade entlang seiner verschlungenen Wege. Es ist sehr früh und noch ist niemand unterwegs. Am Steilufer steigt ein kleiner Weg nach oben. Da will ich rauf. Mir beweisen, es ist alles nicht so schlimm. Ich kann das noch. Auf allen Vieren klettere ich langsam nach oben, die Geschwindigkeit hat keine Bedeutung mehr, nur das Ziel, oben anzukommen. Ich schaffe es, und als ich zum Fluss hinuntersehe, kreuzt in diesem Moment eine Wapitiherde den Fluss. Den Anblick werde ich nie vergessen. Er motiviert mich, von nun an jeden Tag meine Runde entlang des Flusses durch Buschgelände und über Biberdämme zu gehen, ich steige über Wolfskot und beobachte Kojoten, Wapitis und Weißkopfseeadler. Nahanni ist immer dabei. Meine Schritte sind sehr langsam und ich werde immer schwächer, je länger die Chemo- und Bestrahlungstherapie andauert. Aber meine Freude über diesen Marsch wird immer größer. Ich muss mich inzwischen bereits bei der kleinsten Uferstufe mit all meiner Kraft und unter Mithilfe meiner Arme hinaufarbeiten. Nahanni bleibt bei mir, geht meine Langsamkeit mit, steht, wartet. Ohne Leine und ohne Ungeduld. Sie nimmt meinen Rhythmus in sich auf. Sie erinnert mich daran, dass Zeit nur etwas Zusätzliches ist, nichts Hauptsächliches. Und dass allein der nächste Schritt zählt. Als ich in das von Mike organisierte Appartement in Calgary ziehen kann, verlege ich meine täglichen Spaziergänge nur hundertzehn Kilometer flussabwärts. Auch hier darf der Bow River frei in die Großstadt hineinfließen. Meine Wohnung liegt zwei Minuten Gehzeit vom Ufer entfernt. Und zehn Minuten vom Krebszentrum der Klinik. Alles ist so perfekt.

Es ist Dezember, die Tage sind kurz und schon sehr kalt. Aber die vielen Weihnachtslichter, die ich unter Normalbedingungen furchtbar kitschig finden würde, sind nun richtig erhellend für mich im wahrsten Sinne des Wortes. Eine Nachbarin stellt sich vor. Yolanda bringt mir daraufhin immer wieder supergesundes Essen herüber, sie ist auch Physiotherapeutin und kommt einige Male zum Massieren. Ich kann die Tage, an denen ich allein bin, an einer Hand abzählen. Meine Freunde aus Canmore und Calgary haben einen regelrechten Terminplan, wann wer bei mir ist. Es ist wunderbar. Denn die ständige Ablenkung tut Wunder. Selbst kann ich keine Bücher lesen, sogar Fernsehen ist zu anstrengend für meine – durch die Bestrahlung sehr müde gewordenen – Augen. Ich höre viel Radio, heilende Musik und Hörbücher auf CD, die mir meine Freunde mitbringen. Manchmal machen wir einfache Spiele, Vanessa hat immer eine Art von Entertainment mit, ob Nagellack oder Perlenschmuck, den wir selbst basteln. Meist aber lasse ich mir einfach erzählen, was daheim los ist, oder schlafe.

Eines Nachts, als ich ausnahmsweise alleine bin, beginnt draußen ein heftiger Sturm zu blasen. Es ist der Chinook, der warme Fallwind aus den Rockies. Wie ein Gruß aus den Bergen bricht er herein. Er rüttelt und schüttelt an meinem Fenster. Schließlich drückt er es auf. Der erfrischende Wind braust durchs Zimmer und erfüllt es mit Bewegung, mit einer ansteckenden Lebensfreude. Ich springe aus dem Bett, will eigentlich das Fenster schließen, bleibe dann aber vor dem geöffneten Fenster lange stehen und atme die Nachricht ein. Mir ist, als ob er mir zurufen will: »Komm mit! Du gehörst da raus in die Natur, ins Leben.« »Chinook, darf ich dir was mitgeben? All das Schlechte in meinem Körper, was da nicht hingehört? – Da hast du's. Bitte nimm es mit.« Es ist mir, als ob der Wind durch mich, durch meinen Kopf saust. Ihn reinigt. Und alles Überflüssige in nichts auflöst. Dann wird es ruhig, ich schließe das Fenster. Und schlafe mit einer neuen Leichtigkeit wieder ein.

## Interview

# Die Lektorin Heike Hermann im Gespräch mit Gudrun Pflüger

**Liebe Gudrun, was fasziniert dich ausgerechnet an Wölfen?**
Mich faszinieren die vielen Ähnlichkeiten mit uns Menschen beziehungsweise mit dem; wie wir uns das Zusammenleben wünschen: ihre überschwängliche Freundlichkeit zueinander, ihr ausgeklügeltes Sozialgefüge, ihre effiziente Art, mit ihrer Energie umzugehen, ihre außergewöhnliche Feinfühligkeit sowohl gegenüber ihren Familienmitgliedern als auch allgemein ihrer Umwelt und ihren Beutetieren gegenüber. Als Sportlerin habe ich die Ausdauer und Zielstrebigkeit der Wölfe bewundert, auch ihre Widerstandsfähigkeit, ja fast schon Hartnäckigkeit gegenüber jahrhundertelanger Verfolgung.

**Welche Erfahrungen hast du bei deinen hautnahen Begegnungen mit Wölfen in Kanada gemacht?**
Wölfe sind sehr intelligente, neugierige und scheue Tiere. Sie sind in Normalsituationen absolut ungefährlich für den Menschen. Da, wo Wölfe durch die Gegend streifen, ist eine gewisse Ganzheit zu spüren; ich sage bewusst nicht ‚Wildnis', denn die braucht der Wolf entgegen unseren Vorstellungen nicht. Was er braucht, sind genug Beutetiere, Ruhezonen und die Möglichkeit, zu wandern. Auf der emotionalen Ebene wird er schnell zur Projektionsfläche menschlicher Weltanschauungen und Ängste. Dort jedoch, wo er immer anwesend war, sehen ihn die Menschen meist einfach als eine der vielen Naturgewalten an. Nicht mehr und nicht weniger.

**Hattest du niemals Angst alleine in der Wildnis?**
Eigentlich kaum. Ich hatte meist meine sehr aufmerksame Hündin Nahanni dabei. Vor allem aber wird einem die Anwesenheit der großen Beutegreifer wie Wolf und Bär mit der Zeit vertraut; sogar bis zu dem Punkt, dass ich sie heute in Mitteleuropa vermisse. Denn sie lassen mich sehr aufmerksam durch die Landschaft streifen und das ist ein bereicherndes Erlebnis für jedermann. Was man kennt, worüber man gut informiert ist, das ist nicht mehr bedrohlich.

**Du warst eine erfolgreiche Spitzensportlerin im Skilanglauf und Berglauf. Welche Bedeutung haben die Erfolge und Erfahrungen aus dieser Zeit für dich heute?**
Die einzelnen Siege haben an Bedeutung verloren, die allgemeine Fitness und meine Liebe zu Herausforderungen, zu Schnee und Kälte und vor allem das Charakterbildende des jahrelangen Spitzensports waren essenziell für all meine späteren Forschungsprojekte in Kanada. Und danach vor allem für meinen Willen, meine Krankheit zu besiegen.

**2005 wurde bei dir ein aggressiver Gehirntumor festgestellt. Heute bist du wieder gesund. Was hat dir beim Durch- und Überstehen dieser schweren Krankheit am meisten geholfen?**
Alles, was mich zu einer erfolgreichen Spitzensportlerin gemacht hat, hat mir sehr geholfen. Bei Ausdauersportarten, wo man über lange Zeit das eigentliche Ziel nicht mal im Blickfeld hat, schult man besonders seine Geduld und die Zuversicht, dass sich die Anstrengungen auch einmal auszahlen werden. Man entwickelt Kräfte, an die man unter Normalumständen selbst nie geglaubt hätte. Und die Wölfe spiegeln diese Eigenschaften genauso wider. Als Einzelerlebnis sticht sicherlich die nahe Wolfsbegegnung auf einer Wiese im Küstenregenwald heraus. Ich will glauben, dass mir die Wölfe mit ihrer Berührung etwas von ihrer Kraft für das Bewältigen der Krankheit mitgeben wollten. Die intensiven Naturerfahrungen, die ich dank ihrer Erforschung allgemein habe machen können, haben mir einen unbändigen Lebenswillen gegeben. Heute nenne ich das Gefühl ‚Mein innerer Wolf'. Der Glaube an den Sinn des eigenen Daseins kann uns zu großen Wundern führen.

**Liebe Gudrun, lieben Dank für das Gespräch und für dein bewegendes Buch über Wölfe und Wunder.**

***Wolfspirit***
**Meine Geschichte von Wölfen und Wundern**
Gudrun Pflüger
Patmos Verlag, 2012, 220 Seiten
ISBN 978-3843601412

# Meldungen aus aller Welt

## Aktuelle Meldungen aus den deutschen Wolfsgebieten

### *Wieder 100 Wölfe in Deutschland*

In Deutschlands Wälder kehren die Wölfe zurück: Mittlerweile leben wieder mehr als 100Wölfe im Bundesgebiet, wie der Naturschutzbund Deutschland (NABU) mitteilte. Derzeit gebe es 15 Wolfsrudel, 14 davon in östlichen Bundesländern. Erst vor Kurzem wurden auch in Schleswig-Holstein die Spuren eines einzelnen Wolfes nachgewiesen. In Niedersachsen tappten Wolfswelpen in freier Natur in eine Fotofalle. Der Wolf war in Deutschland seit Mitte des 19. Jahrhunderts ausgerottet. Seit 2000 wird die streng geschützte Tierart wieder heimisch.

## Sachsen

### *Nachwuchs bei den Lausitz-Wölfen*

Bei den Lausitzer Wölfen konnten, mittels Fotofallen, die ersten Nachweise für Nachwuchs in diesem Jahr erbracht werden.

Im sächsischen Milkeler Rudel gibt es 2012 wieder mindestens zwei Welpen. Der Rüde dieses Rudels wurde im Februar dieses Jahres bei Königswartha (Landkreis Bautzen) verletzt im Wald gefunden. Nach tierärztlicher Untersuchung und in Rücksprache mit Fachleuten entschied die zuständige Naturschutzbehörde, das Tier einzuschläfern, da kaum Heilungschancen bestanden. Kurz danach gab es bereits Hinweise darauf, dass sich ein neuer Rüde in dem Territorium aufhält.

Im Spremberger Rudel, welches letztes Jahr zum ersten Mal Welpen hatte, konnten in diesem Jahr bereits mindestens drei Welpen bestätigt werden. Das Spremberger Rudel hat sein Territorium sowohl auf sächsischer als auch auf brandenburgischer Seite.

Auch in dem südbrandenburgischen Welzower Rudel, welches seit 2009 bekannt ist, wurden in diesem Jahr wieder mindestens zwei Welpen geboren. Im letzten Jahr gab es aus diesem Rudel keine Hinweise auf Welpen. Der Rüde des Welzower Rudels war im Oktober 2009 bei einem Verkehrsunfall gestorben. (Kontaktbüro Wolfsregion Lausitz)

▶ Welpen im Spremberger Rudel
© Klingenberger/Wildbiologisches Büro LUPUS

### *Neues von der besenderten Wölfin im Milkeler Rudel*

Die am 2.5.2012 im Auftrag vom Sächsischen Ministerium für Umwelt und Landwirtschaft (SMUL) und der Projektgruppe »Wanderwolf« besenderte junge Wölfin aus dem Milkeler Rudel hält sich nach wie vor in ihrem elterlichen Territorium auf.

Die Jährlingsfähe wurde im Rahmen des Sächsischen Wolfmonitorings vom Wildbiologischen Büro LUPUS gefangen und mit einem Halsbandsender ausgestattet. Sie erhielt die Bezeichnung FT8 (»Marie«). Der GPS-GSM-Sender soll Daten zur Raumnutzung der Wölfe in Sachsen aber auch zum Abwanderungs- und Ausbreitungsverhalten von Wölfen in Deutschland liefern.

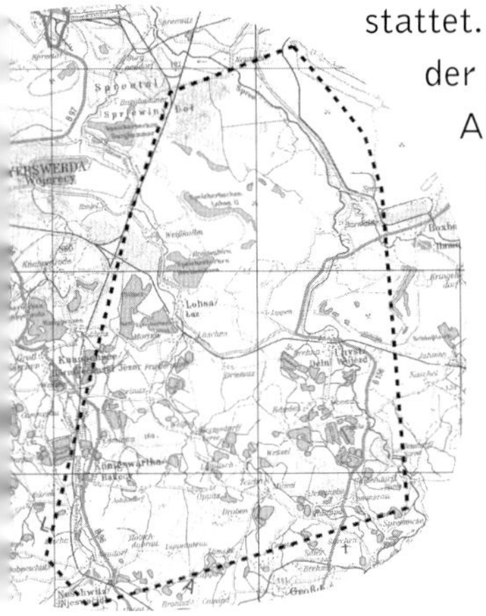

▲ Das von FT8 (»Marie«) genutzte Streifgebiet im Zeitraum Mai bis Juli 2012.

Vom 2. Mai bis 31. Juli 2012 nutzte FT8 ein 332 km² (MCP100; MCP100 = die durch die Verbindung der äußeren Lokationen entstandene Fläche) großes Streifgebiet. Dieses liegt zum Großteil innerhalb des aus den Telemetriedaten des vorangegangenen BfN-Projektes »Pilotstudie zur Abwanderung und zur Ausbreitung von Wölfen in Deutschland« bekannten Milkeler Territoriums und erstreckte sich von südlich von Königswartha bis Neustadt / Spreetal im Norden.

»Marie« wurde 2011 geboren und war eines von mind. sechs Geschwistern. Der aktuelle Rüde des Milkeler Rudels ist nicht der leibliche Vater von »Marie«. Dieser wurde im Februar 2012 schwer krank gefunden und nach tierärztlicher Diagnose mit behördlicher Genehmigung eingeschläfert. Kurze Zeit später wurde bereits ein neuer Rüde im Revier nachgewiesen und 2012 gibt es wieder neuen Nachwuchs im Milkeler Rudel.

Die Projektgruppe »Wanderwolf« besteht aus der Gesellschaft zum Schutz der Wölfe e.V. (GzSdW), dem Internationalen Tierschutz-Fonds gGmbH (IFAW), dem Naturschutzbund Deutschland e.V. (NABU) und dem World Wide Fund for Nature Deutschland (WWF). (PM Wolfsregion Lausitz, 6.8.12)

Mehr Informationen zu dem Projekt erhalten Sie auch auf www.wolfsregion-lausitz.de.

## Mecklenburg Vorpommern

### *Erster sicherer Nachweis eines Wolfes im Müritz-Nationalpark*

Erstmals konnte jetzt ein Wolf im Müritz-Nationalpark sicher nachgewiesen werden. Die genetische Analyse einer Kotprobe vom Mai bestätigt die Anwesenheit eines Rüden, der offensichtlich zur deutsch-westpolnischen Population gehört. Ob es sich dabei um den bereits bekannten Wolf aus der Kyritz-Ruppiner Heide, um ein durchwanderndes Tier oder um eine neue Ansiedlung handelt, ist unklar.

Das Ministerium für Landwirtschaft, Umwelt und Verbraucherschutz des Landes bittet die Tierhalter in der Region nun um erhöhte Aufmerksamkeit: Allseitig geschlossene, 90 cm hohe Elektronetzzäune oder das nächtliche Einstallen der Tiere bieten Schutz gegen mögliche Wolfsübergriffe. Ein Faltblatt mit Hinweisen zum Schutz von gehaltenen Tieren vor dem Wolf, zum Vorgehen im Schadensfall sowie mit Kontaktdaten zu den Rissgutachtern des Landes ist im Internet unter www.lu.mv-regierung.de (Rubrik Publikationen – Naturschutz und Landschaftspflege) veröffentlicht.

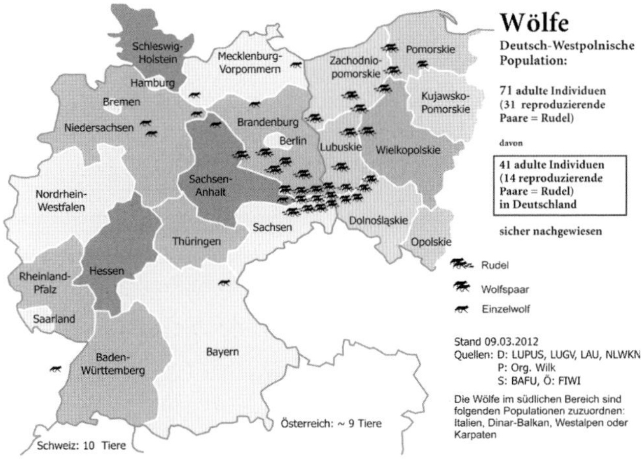

▲ Deutsch-Westpolnische Wolfspopulation (9.3.2012)

Derzeit sind in Mecklenburg-Vorpommern in drei Territorien Einzelwölfe nachgewiesen. Mit weiteren Ansiedlungen ist vor dem Hintergrund des Populations-Anstieges in Sachsen, Brandenburg und Sachsen-Anhalt zu rechnen. (Pressemeldung: Nr. 139/2012 – 13.07.2012 - LU - Ministerium für Landwirtschaft, Umwelt und Verbraucherschutz)

## Niedersachsen

### *Wolfsnachwuchs in der Lüneburger Heide*

Auf dem Truppenübungsplatz Munster in Niedersachsen wird offenbar zum ersten Mal ein Wurf Wölfe in Freiheit großgezogen. Wie der Wolfsberater des Bundesforstbetriebs Lüneburger Heide, Helge John, erklärt, lässt sich das anhand von Bildmaterial aus Wildkameras nachweisen.

Über die Herkunft der niedersächsischen Wölfe ist bisher wenig bekannt. Genetische Analysen der Exkremente sollten Erkenntnisse bringen, teilte eine Ministeriumssprecherin mit. Als sehr wahrscheinlich gelte, dass das Muttertier von einem Wolfsrudel aus Sachsen stamme. Es sei kein Problem für junge Wölfe, aus dem Grenzgebiet Polens bis nach Niedersachsen zu wandern.

## Tote und verletzte Wölfe *(seit März 2012)*

### *Sachsen*

Am 28.7.2012 wurde ein Welpe des Welzower Rudels vermutlich von einem Auto überfahren. Das getötete weibliche Jungtier wurde an einer Asphaltstraße entdeckt, die westlich von Spremberg durch den ehemaligen Tagebau Welzow führt.

Am Montag, den 16.4.2012, wurde auf der S234 zwischen Klein Partwitz und Hoyerswerda (Landkreis Bautzen) ein Wolf von einem Auto überfahren. Es handelt sich um einen männlichen Welpen. Der Unfall ereignete sich im Revier des Seenland Rudels.

Am Sonntag, den 11.3.2012, wurde von der Bundespolizei an der Bahnstrecke von Rietschen nach Hähnichen (Landkreis Görlitz) ein toter Wolf gefunden. Das Tier lag bereits seit einigen Tagen im Wassergraben neben den Bahngleisen. Es handelt sich um einen weiblichen Welpen des Nieskyer Rudels.

Seit 2006 wurden insgesamt 27 tote Wölfe im Lausitzer Wolfsgebiet registriert. Die meisten davon (18) fielen dem Straßenverkehr zum Opfer oder wurden von Zügen überfahren. Darüber hinaus wurden drei illegale Tötungen bekannt. Die anderen Tiere starben an natürlichen Todesursachen oder wurden aufgrund ihres Gesundheitszustandes mit behördlicher Genehmigung eingeschläfert. In einem Fall konnte die Todesursache nicht mehr ermittelt werden.

### *Brandenburg*

### Toter Wolf am Straßenrand (7.7.12)

An der Landesstraße 88 zwischen Busendorf und Emstal wurde ein toter Wolf gefunden. Nach Auskunft des Landratsamtes soll das Tier vom nahe gelegenen Truppenübungsplatz Lehnin gekommen sein und ist vermutlich bei einem Verkehrsunfall ums Leben gekommen. Es handelt sich um ein einjähriges männliches Jungtier – ein weiterer Beleg dafür, dass auch im Herzen des Landkreises Wölfe nicht nur leben, sondern sich auch rege fortpflanzen. Er ist bereits der vierte Wolf, der in Potsdam-Mittelmark bei einer Kollision im Straßenverkehr getötet wurde.

### *Rheinland-Pfalz*

### Prozess um erschossenen Wolf: Jäger könnte Jagdschein verlieren

Vier Monate nach den tödlichen Schüssen auf den ersten Wolf im Westerwald nach 123 Jahren erwarten den Jäger jetzt strafrechtliche Konsequenzen. Am Amtsgericht Montabaur wird es zur Verhandlung kommen. Seinen Jagdschein kann er auch verlieren.

Der Wolf war am 21. April erschossen worden. Er habe ihn für einen wildernden Hund gehalten, hatte der Jäger gesagt.

Die Koblenzer Staatsanwaltschaft wirft dem Mann aus NRW vor, gegen das Tierschutz- und das Bundesnaturschutzgesetz verstoßen zu haben. Sie hatte einen entsprechenden Strafbefehl beim Amtsgericht beantragt: 2500 Euro sollte der 71-Jährige zahlen. Doch der war nicht einverstanden, hat gegen den Strafbefehl Einspruch eingelegt. Jetzt muss das Amtsgericht Montabaur entscheiden.

# Europa

## *Schweiz*

Im vergangenen Jahr wurden in der Schweiz 10 verschiedene Wölfe, alle italienischer Abstammung, genetisch nachgewiesen. Bis jetzt sind erst Einzelwölfe unterwegs, es haben sich leider noch keine Rudel gebildet. Im Herbst wurden jedoch im bündnerischen Calandagebiet zwei Wölfe von einem Wanderer fotografiert. Diese beiden Tiere sind laut Georg Sutter (ehem. Kantonaler Wildhüter, Graubünden) immer noch zusammen und haben im April 2012 in der Nähe von Haldenstein eine alte Hirschkuh gerissen. Es besteht also Hoffnung, falls es sich um ein männliches und weibliches Tier handelt, dass ein erstes Wolfsrudel in der Schweiz entstehen könnte!

2011 wurden 274 Nutztiere von Wölfen gerissen. Die meisten im Wallis und in den Kantonen Freiburg und Bern. Die Wölfe im Tessin, Luzern und Graubünden verursachten nur geringe Schäden. Da praktisch alle Tiere in nicht oder ungenügend geschützten Herden gerissen wurden, durfte kein Wolf zum Abschuss freigegeben werden.

Im laufenden Jahr wurden im März bereits zwei bekannte Wölfe genetisch nachgewiesen, M26 bei Cavagnago (TI) und M20 in Sarnen (OW). Weitere genetische Nachweise von den Rissen im Calandagebiet (GR), bei Jaun (FR) und Plaffeien (FR) sind noch ausstehend. (CHWolf-Newsletter Juni 2012, www.chwolf.org)

## *Günstiger Zeitpunkt – Goldschakale erobern Europa*

Im Bayrischen Wald ist ein Goldschakal gleich in zwei Fotofallen getappt. Sie waren eigentlich für Luchse aufgestellt. Es ist erst der zweite Goldschakal, der in Deutschland gesichtet wurde. Der erste, ein männliches Exemplar, streifte von 1996 an durch das südliche Brandenburg – bis es 1998 erschossen wurde. Seitdem existierten keine bestätigten Beobachtungen von Goldschakalen. Bis jetzt.

## Buchtipp zum Europäischen Goldschakal

Die wilden Hunde Gottes. Kojoten, Schakale & Co. Die kleinen Verwandten der Wölfe. Wolf Magazin 1-2012. ISBN 978-3-86671-097-9

Weitere aktuelle Informationen in unserem kostenlosen monatlichen Online-Newsletter Wolf & Co hier: www.wolfmagazin.de und täglich aktuell auf unserer Facebook-Seite: http://www.facebook.com/wolfmagazin

# Rezensionen

**Dem Braunbären auf der Spur**
Das Buch versucht, zwei wichtige Fragen zu beantworten: Wer ist überhaupt der Bär, und wie lebt und verhält er sich in Freiheit?
Das mit vielen interessanten Fotos bebilderte Werk zeigt Bären, wie wir sie kaum sehen. Die Autorin (die auch bei Roman Gula in Polen und bei Erik Zimen mit Wölfen gearbeitet hat), fand ihre große Leidenschaft bei den wilden Braunbären, die sie drei Jahre lang in der Slowakei erforscht hat. Der wichtigste Aspekt des Buches ist meiner Meinung nach die Bär-Mensch-Beziehung. Gerade in der heutigen Zeit, in der immer mehr Bären wieder zurück nach Österreich, die Schweiz und Deutschland kommen, muss gefragt werden, wie man in Zukunft damit umgehen wird. Wie können Bären und Menschen geschützt werden? Das ist eine der wichtigsten Fragen dieses lesenswerten Buches. (ehr)

Michaela Skuban: Dem Braunbären auf der Spur ... Lebensweise, Geschichte, Mythen
Leopold Stocker Verlag, 2011
ISBN 978-3702013271

**Hoffnung auf Freundschaft. Das erste Jahr des Hundes**
Bandit und Spencer sind Wurfgeschwister, die in unterschiedlichen Familien aufwachsen. An ihrem ersten Geburtstag ist der eine ein freundlicher, offener und leicht zu führender Hund, der andere ein Problemfall. Wie ist es so gekommen? Was ist gut gelaufen, was nicht?
Die Autoren zeigen die Entwicklungsschritte vom Welpen zum erwachsenen Hund auf, und mancher Hundehalter wird bei der Beschreibung der verschiedenen Erziehungsmethoden vermutlich unruhig auf dem Stuhl hin und her rutschen und geneigt sein zu rufen: Halt! Stopp! So nicht!
Natürlich gibt es im »richtigen« Leben nicht nur zwei Arten, einen Hund zu erziehen. Jeder von uns Hundehaltern wird vermutlich die eine oder andere Tendenz auch bei sich erkennen. Den Autoren ist es wunderbar gelungen, uns einen Spiegel vorzuhalten.
Ich empfehle das Buch jedem Hundebesitzer (es ist nie zu spät!) besonders aber allen, die die Anschaffung eines Welpen planen.
Ach ja – irgendwie komme ich nicht umhin mir vorzustellen, dass »Hoffnung auf Freundschaft« auch eine passende Lektüre für werdende Eltern (Zweibeiner) sein könnte ... (ehr)

Michael Grewe und Inez Meyer: Hoffnung auf Freundschaft. Das erste Jahr des Hundes.
Kosmos 2012, 197 Seiten
ISBN: 978-3440127629

**Hunde würden länger leben, wenn ... Schwarzbuch Tierarzt**
Hunde würden länger leben wenn ... ist eine kritische Auseinandersetzung mit dem Thema Impfung, Diagnose und klassische Therapie bei unseren Hunden und Katzen. Die Autorin Dr. med. vet. Jutta Ziegler, selbst praktizierende Tierärztin, stellt darin die Arbeitsweise mancher Kollegen infrage und wirft einen prüfenden Blick auf Sinn und Unsinn gängiger Behandlungsmethoden nach Schema F, sowie einiger Thesen, die sich leider fest in den Tierkliniken eingefahren haben, obwohl sie längst überholt sind. So sind viele Impfungen mehr Belastung denn Nutzen, ein All-

ergikerfutter nicht unbedingt frei von Allergenen und nierenkranken Tieren kann man auch ohne teure Spezialnahrung Linderung verschaffen. Dass manch eine Diagnostik nur dem Geldbeutel des Tierarztes, aber nicht dem Tier hilft und durchaus auch in Kauf genommen wird, dass ein Tier eine Therapie nicht überlebt, erweist sich als traurige Wahrheit.
Das Buch bringt Tierbesitzer zum Nachdenken und räumt auf mit dem Irrglauben des allwissenden Tierarztes. Dennoch sehe ich das Werk kritisch, denn es verallgemeinert zu oft und birgt dadurch die Gefahr, Tierbesitzer so sehr zu verunsichern, dass sie womöglich eine tatsächlich lebensnotwendige Behandlung ablehnen. Auch ist deutlich zu erkennen, dass für die Autorin nur BARF als zulässige Fütterung akzeptiert werden kann, was ich ebenfalls sehr engstirnig finde, obwohl auch ich barfe.
Fazit: Sicherlich der richtige Ansatz, aber leider zu einseitig und somit nicht minder kritisch zu sehen als die ein oder andere Tierarztpraxis. (Tanya Carpenter; www.tanyacarpenter.de/)

Dr. med. vet. Jutta Ziegler: Hunde würden länger leben, wenn ... Schwarzbuch Tierarzt; mvg Verlag, 2011, 192 Seiten ISBN 978-3868822342

**Jagdlust. Warum es schön, gut und vernünftig ist, auf die Pirsch zu gehen**

**Rezension 1**
Da liegt es nun fertig gelesen, das Buch »Jagdlust«, und in mir streiten die Gefühle wider, denn ich bin ein Gegner der konventionellen Jagd. Eckhard Fuhr ist es erklärtermaßen auch, und dennoch beschreibt er das Erlegen von Rehen, Hirschen und Hasen als Rausch der Gefühle. Und nicht nur das: Ob Gewehre, Hunde oder Jagdschein, ob der Gang zum Hochsitz oder die Jagd auf die wichtigsten Tierarten, ich tauche, ob ich will oder nicht, tief in die lodengrüne Welt von Herrn Fuhr ein. Das liegt an seiner mitreißenden Sprache, an seinen Einblicken in Gelüste, Gerüche und Geschmäcker. Ja, vor allem Letzteres hinterlässt bei mir einen bleibenden Eindruck. Bis ins Detail, hier fast einem Rezeptbuch gleichend, wird die Verwertung des ganzen Tieres bis zum tellerfertigen Gericht beschrieben. Da kann einem schon das Wasser im Munde zusammenlaufen, und Jagd, in dieser Form als Handwerk, hat nichts Anrüchiges mehr. Fuhr streift immer wieder auch die herkömmliche Jagd, die Gier nach Trophäen, die illegalen Abschüsse von Wolf und Co. und die merkwürdigen Bräuche, die muffig-antiquiert wirken. Dabei spart er nicht mit Kritik. Dennoch gelingt ihm nicht immer eine ausgewogene Darstellung der Sachverhalte. So wird etwa das Anschwellen der Wildschweinbestände auf Landwirtschaft und Klima, nicht jedoch auf die weitverbreitete Fütterung durch Jäger geschoben (pro Kilogramm Wildschweinfleisch sind es immerhin sechs bis acht Kilogramm Futtermais).
Trotzdem kann ich »Jagdlust« empfehlen – für Nichtjäger, aber auch und gerade für konventionelle Waidmänner und -frauen. (Peter Wohlleben; www.peter-wohlleben.de)

**Rezension 2**
Alle Jäger zwischen achtzehn und achtzig – bitte mal herhören: Dieses Buch müssen Sie einfach lesen. Es gibt keine Ausrede. Es passt in die Brusttasche, umfasst gerade mal 193 Seiten, kostet achtzehn Euro und ist ein Lesegenuss von vorne bis hinten. Eigentlich ist nichts darin wirklich neu. Aber noch nie hat einer die Vielfalt des Jagens in unserer Zeit so leicht verständlich, so frei im Geist, so neutral und sachlich und trotzdem so witzig und ironisch auf den Punkt gebracht wie Eckhard Fuhr. »Jagdlust« ist im besten Sinne modern, weil Fuhr sich nicht in nostalgischen Schwärmereien über die so genannte gute alte (Jäger-) Zeit ergeht, sondern aus dem Jetzt und Heute schreibt. Es ist das Beste, was ich über die Jagd in Deutschland je gelesen habe.
Zunächst schreibt der Autor über den Jagdschein, das Gewehr, das Revier und den Hund (vornehmlich seinen eigenen, dem er herzlich zugetan ist). Mit Ausnahme des Hundekapitels trockenes Zeug – aber nicht für Fuhr, dem diese Dinge als Vehikel für eine sehr kundige Darstellung des jagdlichen Alltags dienen. Dann geht's um Hirsch und Reh, Sau, Hase und Rebhuhn und sogar um den Wolf. Da erfährt man eine Menge interessante Dinge über diese Arten, doch ist das Anliegen des Autors freilich ein anderes als das Handwerkliche oder Ökologische. Sei es die Jagdzeit auf geweihlose Böcke, die Wildschweinschwemme, die Rückkehr der Wölfe, die Ökojäger oder der Dauerstreit um Wald und Wild – Fuhr lässt kein heißes Eisen aus. Besonders aufschlussreich sind seine kurzen Ausflüge in die Geschichte der Jagd, einschließlich ihrer dunklen Seiten. Seine undogmatische, erfrischende Erzählweise bietet Lesegenuss ohne Reue und vermittelt ungewohnte, neue Einsichten. Wer noch frei genug ist von Vorurteilen, dem öffnet Fuhr die Augen für die Legitimität anderer Standpunkte. »Jagdlust« ist eine kundige und anregende Lektüre für alle Altersklassen,

für Lodengrüne genauso wie für Jagdkritiker, und sie ist voller Optimismus.
Sogar bei der Illustration seiner »Jagdlust« hat sich Eckhard Fuhr etwas Besonderes einfallen lassen: farbige Zeichnungen von Cornelia Schleime. Man kann sich darüber schieflachen, aber besser beraten ist, wer über den hintergründigen Sinn dieser Motive nachdenkt und die Fantasie schweifen lässt. (Ulrich Wotschikowsky; www.vauna-ev.de)

Eckhard Fuhr: Jagdlust. Warum es schön, gut und vernünftig ist, auf die Pirsch zu gehen; Bastei Lübbe 2012; 192 Seiten
ISBN: 978-3869950341

**Mehr Matsch! Kinder brauchen Natur**
In »Mehr Matsch!« erklärt Andreas Weber anschaulich, warum es für die Seele von Kindern wichtig ist, dass sie »auf die Bäume« geschickt werden, sich nass und dreckig machen und auch ein paar Schrammen mit nach Hause bringen. Ein großartiges Buch für Eltern, aber auch für jeden, der den Kontakt zur Natur verloren hat. Der Autor und Philosoph folgt mit seinen Thesen Richard Louvs Erkenntnissen aus seinem Buch »Das letzte Kind im Wald« (siehe Wolf Magazin 1/2012). Mich haben besonders Webers Abhandlungen von den »magischen Banden« zwischen Kindern und Tieren fasziniert. Ich kenne diese Magie, denn ich durfte mit Hunden aufwachsen und bedauere jeden, dem das verwehrt wird. Das Buch endet mit 30 Tipps für Eltern und 20 Tipps für Lehrer. Aber »Mehr Matsch!« ist deutlich mehr als ein Eltern- und Lehrerratgeber. Es ist ein »Lebensratgeber« für jeden, den beim Blick aus dem Fenster eine unerklärte Traurigkeit und das Gefühl überkommen, etwas Wichtiges verloren zu haben. (ehr)

Andreas Weber: Mehr Matsch! Kinder brauchen Natur. Ullstein Taschenbuch, 2012. 256 Seiten
ISBN: 978-3548374512

**PSI bei Tieren. Die unglaublichen Fähigkeiten in der Tierwelt**
Dieses Buch wurde 1977 geschrieben. Ich gehe davon aus, dass sein Inhalt damals noch als »unglaubwürdig« galt. Heute wissen wir, dass Bill Schul seiner Zeit weit voraus war. Der nächste Autor, der sich an das Thema wagte, war Rupert Sheldrake mit »Der siebte Sinn der Tiere«. Heute ist – dank Marc Bekoff, Jane Goodall und Anderen – wissenschaftlich anerkannt, dass Tiere Intelligenz und Emotionen besitzen, dass sie planen und vorausschauen können.
Dieses Buch war der Anfang einer langen Reihe von Entwicklungen über die Erkenntnisse der unglaublichen Fähigkeiten unserer tierischen Begleiter. Der Autor sprach mit und verstand Tiere, als man den Begriff des »Tierkommunikators« noch nicht erfunden hatte. Um so glaubwürdiger sind seine Aussagen.
25 Jahre nach seinem ersten Erscheinen in den USA ist »PSI bei Tieren« aktueller denn je. (ehr)

Bill Schul: PSI bei Tieren. Die unglaublichen Fähigkeiten in der Tierwelt. Aquamarin, 2012. 240 Seiten
ISBN: 978-3894275976

**Rassehund wohin? Argumente für eine Neuorientierung.**
Die heutige Rassehundezucht steckt in einer tiefen Krise: Die durch das Ausstellungswesen praktizierte jahrzehntelange Selektion auf reine Äußerlichkeiten anstatt auf Gesundheit und Vitalität hat zu katastrophalen Konsequenzen geführt. Manche Rassehunde können kaum noch laufen, atmen oder sich auf natürlichem Wege fortpflanzen. Wie das passieren konnte und welche Wege zur Gesundung beschritten werden könnten, zeigt der anerkannte Kynologe Hellmuth Wachtel in diesem Buch.
Nach einem kurzen Abriss über Evolution und Domestikation des Hundes unter Einbeziehung der neuesten molekulargenetischen Erkenntnisse geht Wachtel auf die Entstehung der verschiedenen Rassen und schließlich die Schauhunde-

zucht als Erscheinung der Neuzeit ein. Dabei klärt er über die Ursachen des Niedergangs auf und zeigt machbare Lösungsmöglichkeiten.
Hellmuth Wachtel ist für viele ein unbequemer Kynologe – besonders für die mächtige Rassehunde-Lobby. Ihn kümmert es nicht. Er setzt sich für das Wohl der Hunde ein, und dafür lieben wir ihn. (ehr)

Hellmuth Wachtel: Rassehund wohin? Argumente für eine Neuorientierung. Kynos, 2012. 240 Seiten
ISBN: 978-3942335607

**Rex and the City**
Der australische Verhaltensforscher zeigt anhand wissenschaftlicher Untersuchungen den etwas anderen Umgang zwischen Mensch und Hund. Statt als Rudelführer möchte McGreevy dem Hundebesitzer ans Herz legen, sich als Coach zu betätigen, um gemeinsam mit seinem Hund speziell in der heutigen Zeit in der häufig tierfeindlichen Umgebung eine für beide Seiten angenehme Beziehung aufzubauen. Was die Erziehung betrifft, ermutigt der Autor die Besitzer dazu, häufiger ihren Hund »zum Wedeln zu bringen« – also mit etwas zu belohnen, was der Hund wirklich mag. Das sind außer der gewohnten Leckerli und Clickermodelle Futter, Wasser, Spaß, Gesellschaft und Komfort. Mithilfe dieser vielfältigen Anreize gelingt es ebenfalls, gewünschte Fertigkeiten als Verhaltensketten zu erlernen. Hierzu gibt er viele Tipps wie auch einen interessanten Einblick in neue Erkenntnisse über Rechts- oder Linkshändigkeit bei Hunden. Und wenn dann trotz aller Konsequenz und Liebe etwas schiefläuft, macht McGreevy deutlich, dass der Mensch die Schuld erst einmal bei sich suchen muss, denn der Hund hat nie unrecht, da er sich nur verhält, wie es für einen Hund angemessen ist. (Birgit Fabich, www.birgitfabich.de)

Paul McGreevy, Rex and the City; Kynos, 2012; 237 Seiten
ISBN: 978- 3942335584

**Schön wild! Warum unsere Kinder Natur und Wildnis brauchen**
Schon das Cover (schmutzige Turnschuhe) des kleinen Büchleins besticht durch seine Einfachheit.
Gerhard Trommer lädt ein zu einer Neuentdeckung der Faszination von Wildnis in uns und draußen vor der Tür. Der Autor geht (zu Recht) sehr kritisch mit der Vermarktung der Natur um. Natur-Erlebnis-Parks, Wildnis-Events – wir müssen immer mehr die Natur manipulieren und die Spannung steigern, damit der an den schnellen Internetklick gewöhnte Mensch befriedigt wird. Ein einfacher Waldspaziergang oder ein Liegen in einer blühenden Wiese, das ist langweilig. Ein großes Bravo geht an die Kritik des Autors von Waldbewirtschaftung und Waldschutz. Mich hat das Buch beim Lesen ein wenig traurig gemacht, denn es hat mir sehr deutlich gezeigt, was wir und unsere Kinder verlieren, wenn wir uns der Natur entfremden oder sie zu einem »Event« degradieren. »Schön wild!« ist ein Buch, das Sehnsucht weckt nach der einfachen und direkten Begegnung mit der Natur, nicht dem großen »Natur-Spektakel«. Wer hierzu Tipps und Ratschläge erwartet hat, der wird enttäuscht werden.
Ein leises und unspektakuläres Buch – ebenso wie die »wilden« Orte, die der Autor empfiehlt. Gerade darum ist es so berührend. Wir brauchen mehr solcher Orte und solcher Bücher. (ehr)

Gerhard Trommer: Schön wild! Warum unsere Kinder Natur und Wildnis brauchen. Oekom, 2012. 191 Seiten
ISBN: 978-3865812957

**Stadtwölfin**
Wenn Sie schon immer einmal wissen wollten, wie es ist, sich in eine Werwölfin zu verwandeln, dann sollten Sie dieses E-Book lesen.
Eigentlich sind Werwölfe nicht mein Ding. Ich habe mit den realen Kaniden zu tun. Die »Stadtwölfin« ist die große Ausnahme. Selten habe ich mich so amüsiert, wie bei diesem köstlichen Fantasie-Roman. Manchmal hab ich die

flotte Eva auch ein wenig beneidet. Über Nacht hübsch, groß und physisch stark zu werden – und in einer Muckibude mal eben 80 Kilo zu stemmen – ein Traum.
Ich wünsche den drei Werwölfinnen und ihrem Clan weiterhin fröhliche Vollmond-Verwandlungs-Partys – und der Autorin noch weiter so grandiose Ideen für weitere Abenteuer der Stadtwölfin. (ehr)

Silvie Wolff: Stadtwölfin; Kindle Edition
ASIN: B00709I6X8

**Das Unternehmen Hund – Ein Leitfaden für Existenzgründer**
Angefangen bei den unternehmerischen Grundlagen, geben die beiden Autorinnen Susanne Pilz (Inhaberin der Kölner Hundeakademie) und Martina Schöps (Inhaberin einer Keksbäckerei für Hunde) dem angehenden Unternehmer im Bereich Hund Tipps für die Erstellung eines Unternehmenskonzepts, die Finanzplanung, sowie zum Thema Versicherungsfragen und Marketingstrategien. Im zweiten Teil werden schließlich als Anregung für alle, die beruflich etwas mit Hunden machen wollen, 15 Berufe und Unternehmensideen rund um den Hund jeweils mit Qualifikationsmöglichkeiten und Voraussetzungen vorgestellt. Diese werden sinnvoll durch persönliche Erfahrungsberichte von bereits erfolgreichen Hundeunternehmern ergänzt. Einfach, klar und verständlich geschrieben. Grafisch ansprechend aufbereitet und stets mit Blick für das Wesentliche. Im abschließenden Serviceteil werden schließlich die wichtigsten Anlaufstellen und Adressen für die jeweiligen Unternehmenszweige aufgelistet. Für alle, die ihr Hobby Hund zum Beruf machen wollen, die passende Grundlagenlektüre und absolut empfehlenswert. (Franziska Daub; www.fdwortgewandt.de)

Susanne Pilz und Martina Schöps, Das Unternehmen Hund – Ein Leitfaden für Existenzgründer; Kynos, 2011; 220 Seiten;
ISBN: 978-3942335225

**Wanja und die wilden Hunde. Mein Leben in fünf Jahreszeiten**
»Wieder so ein Hundebuch«, dachte ich, als ich »Wanja und die wilden Hunde« zur Rezension bekam. Ich erwartete nichts Besonderes. Dann begann ich zu lesen ... und konnte nicht mehr aufhören. Jetzt gehört dieses Buch neben »Merles Tür« zu meinen absoluten Lieblingshundebüchern.
Die Liedermacherin Maike Maja Nowak beschreibt ihr Leben in dem kleinen russischen Dorf Lipowka. Sieben Jahre lebte sie dort zusammen mit verwilderten Haushunden, die ihr zugelaufen waren.
Im Gegensatz zu vielen Tierfreunden, die beispielsweise südeuropäische Straßenhunde meinen »retten« zu müssen, nur um sie alleine in eine deutsche Stadtwohnung zu sperren, nimmt die Autorin sich völlig zurück und beobachtet nur. Sie lässt die Hunde einfach Hunde sein.
Nur die minimalste und notwendige Erziehung bringt sie ihnen bei, indem sie sich selbst so verhält, wie sich ein Leittier verhalten würde – und tut damit intuitiv genau das Richtige.
Maike Maja Nowak hat eine heute sehr seltene Gabe. Sie hat Geduld, kann sich zurücknehmen und beobachten.
Gerade durch ihre sehr detaillierten Beobachtungen und Beschreibungen der Hundepersönlichkeiten lernen wir mehr über das natürliche Verhalten von Hunden, als wir es von diversen selbst ernannten Hundeexperten oder von irgendeinem »Hundetraining nach System XY« lernen können.
Wer setzt sich heute noch hin und beobachtet ein Tier, ohne es manipulieren zu wollen? Wer kann heute noch wirklich beobachten? Der Schriftsteller Barry Lopez schrieb in seinem Buch »Arktische Träume«: Man braucht nicht nur eine lange Zeit der Beobachtung, bevor man sagen kann, was ein Tier tut; man braucht eine lange Zeit, um zu lernen, wie man beobachten muss.« Das kann ich aus 20 Jahren Freilandforschung an wilden Wölfen nur bestätigen.
Nowak kann beobachten. Und zwar tut sie dies mit unglaublichem Respekt und Achtung vor dem Tier und seiner Art zu leben.
Zu sehen, wie Wanja und die anderen wilden Hunde leben, macht mich aber auch traurig. Ich trauere um die zahlreichen seelisch verarmten Hunde, denen wir ein Leben mit uns aufdrängen, ohne zu fragen, welche Bedürfnisse das individuelle Tier hat. Huskys an der Leine, Terrier auf dem Sofa – Hauptsache, wir haben unseren Kuschelfaktor und uns

geht es gut.
Nowak dagegen schafft es beispielsweise, einen scheuen Hund im Gebüsch vor ihrer Hütte leben zu lassen, weil sie seine Angst vor Menschen und anderen Hunden respektiert und ihm Zeit lässt, diese zu überwinden. Diese unglaubliche Herzenstiefe der Autorin hat mich sehr beeindruckt.
Fasziniert hat mich als Freilandforscherin die Ähnlichkeit zwischen dem Verhalten der verwilderten Hunde mit dem Verhalten von wilden Wölfen – was auch Günther Bloch schon bei seinen »Pizza-Hunden« bestätigt hat. Wie auch wir es immer in unseren Büchern beschreiben, nutzt die Autorin das so Gelernte für ein besseres Verhältnis zu ihren Tieren.
Berührt hat mich als Autorin auch der Schreibstil von Maike Maja Nowak, der auf eigenartige Weise einfach aber dennoch poetisch ist. Leise zieht sie den Leser in ihr Leben hinein, ohne sich aufdrängen zu wollen. Das ist ihre Stärke – beim Schreiben und bei den Hunden. (ehr)

Maike Maja Nowak: Wanja und die wilden Hunde. Mein Leben in fünf Jahreszeiten. Mosaik 2012. 336 Seiten
ISBN: 978-3442392131

**Wolf – Hund – Mensch. Die Geschichte einer jahrtausende alten Beziehung**
Kurt Kotrschal ist Wolfsexperte und »Wissenschaftler des Jahres 2011«. In dem von ihm mitbegründeten Wolfsforschungszentrum in Ernstbrunn (Österreich) finden einzigartige Verhaltensvergleiche zwischen gleichartig aufgezogenen Wölfen und Hunden statt. Daraus ergeben sich zahlreiche neue Erkenntnisse nicht nur beispielsweise über die Intelligenz von Wölfen, sondern auch über unsere Beziehung zum Hund. »Wolf – Hund – Mensch« befasst sich mit allen Aspekten der Wolfs- und Hundeforschung von Domestikation über Kultur und Politik bis zur Einstellung der Menschen zum Wolf. Hier lobt der Autor übrigens die Wolfspolitik in Sachsen (Lausitz). Die Problematik von Wolfshybriden wird ebenso angesprochen wie Probleme mit der Rassezucht bei Hunden. Ein Schwerpunkt des Buches ist die experimentelle Forschung an Wolf und Hund.
Über zwei Aussagen im Buch habe ich mich besonders gefreut:
1) Der Autor erzählt, dass die Art des Wolfshandling, wie sie in seinem Forschungszentrum praktiziert wird, von Erich Klinghammer im Wolf Park, Indian entwickelt wurde. Klinghammer gehörte zu den ersten Forschern, die Wölfe von Hand aufzogen. Schön, dass er durch diesen Hinweis post hum noch einen Platz im Buch erhalten hat. Erich hätte sich darüber sehr gefreut.
2) Die zweite erfreuliche Aussage des Autors, ist für mich die Warnung vor dem so genannten »Wolfsexperten« Shaun Ellis und seinen Büchern. Welchen Schaden dieser Mann an der Aufklärungsarbeit über Wölfe anrichtet, kann man erahnen, wenn man auf Seite 103 von »Wolf – Hund – Mensch« einige »Wolfsweisheiten« von Shaun Ellis liest. Wir, die wir immer wieder vor den Büchern von Ellis warnen, sind oft von seinen Fans angefeindet und beschimpft worden, weil wir den »wahren Wolfsexperten Shaun Ellis« nicht zu würdigen wüssten, der alleine Ahnung von Wölfen habe. Ich bin sehr froh, dass ein anerkannter Wissenschaftler wie Kurt Kotrschal in seinem Buch auf die katastrophalen Aussagen von Ellis hinweist!
»Wolf – Hund – Mensch« ist ein wichtiges Buch, das ich jedem empfehlen möchte, der sich mit Wölfen und Hunden beschäftigt. (ehr)

Kurt Kotrschal: Wolf – Hund – Mensch. Die Geschichte einer jahrtausende alten Beziehung. Brandstätter Verlag, 2012. 208 Seiten
ISBN: 978-3850336758

**Kinderbuch Wolf kann Cabrio**
»Wolf kann Cabrio« erzählt die Geschichte vom Wolf, der in der Eifel in einem Haus lebt und stolzer Besitzer eines Oldtimer-Cabrios ist. Wolf weiß, dass die Menschen ihn oft missverstehen, dass sie ihn für böse halten. Um mit den Missverständnissen aufzuräumen, beschließt er, die Menschensprache zu lernen. Das »Märchen??? vom lieben Wolf« ist zwar als Kinderbuch konzipiert, richtet sich aber an »alle, die lesen können«. Ich garantiere jedem, der den Fantasieroman liest, »wölfischen« Spaß und Spannung. Es gibt Liebe, Hass, Freundschaft, Feindschaft und sogar einen Mord. Ganz nebenbei lernen wir, wie Missverständnisse und Vorurteile entstehen. Das ist wahrlich ein Wolf zum Verlieben. Den kleinen »Lern-WOLF Ver-

lag«, der Ratgeber für Schüler herausgibt, sollten wir im Auge behalten. Wir werden sicher noch Großes von ihm hören. (ehr)

*************

Weil es sich hier um ein Kinderbuch handelt, habe ich das Buch auch von meiner Nichte Sophie lesen und beurteilen lassen:
In dem Fantasieroman »Wolf kann Cabrio« von Manuela Regh geht es darum, dass ein Wolf, der in der Eifel lebt, ständig Verständnisprobleme mit den Menschen hat. Der Wolf gibt uns Lesern einen Einblick in seine spannenden Abenteuer. Was mir an dem Buch gefällt, ist, dass es trotz der vielen lustigen Stellen den Leser zum Nachdenken anregt, die Geschichte vom bösen Wolf noch einmal zu überdenken. Es werden die Missverständnisse zwischen Wolf und Mensch genau geschildert, manchmal auch zu genau, wie ich finde. Man kann dieses Buch aber leider an vielen Stellen nicht ernst nehmen, weil es absolut nicht der Realität entspricht, wie auch der Titel von dem Buch schon verrät, aber es ist ja ein Fantasieroman.
Alles in einem würde ich dieses Buch als positiv bewerten und es für die Menschen empfehlen, die sehr stark an Wölfen interessiert sind. (Sophie Greilich, 15 Jahre)

Manuela Regh, Das Märchen??? vom lieben Wolf: Wolf kann Cabrio; Der Lern-WOLF Verlag, 2011; ISBN: 978-3981370355

**Wut allein reicht nicht. Wie wir die Erde vor uns schützen können**

Hannes Jaenicke weiß, dass Wut allein nicht reicht, um die Welt zu verbessern. Aber sie ist ein Anfang.
Nach dem Riesenerfolg der Sendungen »Im Einsatz für...« im ZDF deckt Jaenicke in diesem Buch auf, welcher Umweltkrimi tagtäglich auf dieser Welt gedreht wird: das Aussterben von unzähligen Tierarten, die Zerstörung des Klimas und damit das Ende der Erde, wie wir sie kennen. Seine detaillierten Berichte und schockierenden Fotos über die Enteignung, Folter, Misshandlung und Tötung gehen tief unter die Haut. Sie lassen keinen Zweifel: Es ist Zeit, zu handeln.
Der Autor begibt sich auf eine sehr persönliche Spurensuche nach Tieren und ihren Lebensräumen, die es bald vermutlich nicht mehr geben wird, und macht deutlich, wie wichtig der Einsatz jedes Einzelnen ist, und zeigt Wege, wie persönliches Engagement im Alltag umsetzbar ist.
Dies ist kein bequemes, sondern ein erschütterndes Buch – und gerade darum umso wichtiger. (ehr)

Hannes Jaenicke: Wut allein reicht nicht. Wie wir die Erde vor uns schützen können. Gütersloher Verlagshaus, 2010. 240 Seiten
ISBN: 978-3579067612
Mehr Infos und Trailer auch auf der Webseite: http://www.wut-allein-reicht-nicht.de/

# Vorankündigung

Das Wolf Magazin 1/2013
**Wolf & Hund**
Wieviel Wolf steckt noch
in unseren Hunden?
ISSN 2191-1169
ISBN 978-3-86671-107-5
erscheint im April 2013
(Redaktionsschluss: 15. Januar 2013)

Aus dem Inhalt: Was können wir von Wölfen über unsere Hunde lernen? | Evolution und Domestikation. | Vom Wolf zum Mops. Rassezucht in der Krise? | Wolfsmischlinge – gefährlicher Trend

# Impressum

Wolf Magazin 2/2012
**Wer hat Angst vorm Wolf?**
ISSN 2191-1169
ISBN 978-3-86671-101-3
erscheint in der edition tieger
im Autorenhaus Verlag GmbH, Berlin
Coverfoto: Günther Kopp

Wolf Magazin erscheint im 22. Jahrgang

Das Wolf Magazin erscheint zwei Mal jährlich im April und Oktober als Buch, großzügig mit interessantem Fotomaterial, Zeichnungen und Illustrationen im Abonnement für 24 Euro innerhalb Deutschlands porto- und versandkostenfrei (Österreich, Schweiz: 28 Euro). Das Abonnement kann jederzeit gekündigt werden. Einzelne Ausgaben und Geschenk-Abonnements sind selbstverständlich auch möglich. Bitte bestellen Sie schriftlich an edition tieger oder per E-Mail: wolf@edition-tieger.de

**Redaktion**
Elli Radinger
Blasbacher Str. 55
35586 Wetzlar
Tel.: 06441 - 329 69
E Mail: redaktion@wolfmagazin.de
www.wolfmagazin.de

**Verlag**
edition tieger
im Autorenhaus Verlag GmbH
Karmeliterweg 116
13465 Berlin
Tel.: 030 - 40 10 30 90
Fax: 030 - 401 52 16
E Mail: wolf@edition-tieger.de
www.edition-tieger.de

Jürgen Christen: Musen auf vier Pfoten: Schriftsteller und ihre Hunde

Majorie Garber: Dog Love. Warum Hunde uns Lieben – und wir sie

Conrad Gesner: Von den Hunden und dem Wolff.
Aus Allgemeines Thier-Buch von 1669 mit Holzschnitt-Illustrationen.

Die Mönche von New Skete: Wie Sie der beste Freund Ihres Hundes werden

Die Mönche von New Skete: Welpen liebevoll erziehen
Die sanfte Methode des Hundetrainings von Anfang an.

Jeffrey Masson: Hunde lügen nicht. Die großen Gefühle unserer Vierbeiner.
Psychologie, Emotionen, Verhalten

Manfred Plinke (Hg.): Literarische Hundegeschichten

Margaret Marshall Saunders: Beautiful Joe. Der Hund, der die Menschen verändert hat.

Shreve Stockton: Der tägliche Kojote

Elizabeth Thomas: Das geheime Leben der Hunde

P.G. Wodehouse: Gute Hunde. Die feinsten Hundegeschichten von P.G. Wodehouse

Weingarten, Williamson: Alte Hunde sind die besten Hunde.
Mit einem Anhang zur Pflege und Gesundheit alternder Hunde.

Elli H. Radinger: Der Verlust eines Hundes – und wie wir ihn überwinden:
Um Tiere trauern

Tom Schreck: In den Seilen. Ein Hunde-Krimi

Ted Kerasote: Merles Tür – Lektionen von einem freidenkenden Hund

***www.edition-tieger.de***